"十二五"高等职业教育土建类专业规划教材

智能楼宇安防系统设计与施工

李 博 主 编

韩承江 副主编

中国铁道出版社
CHINA RAILWAY PUBLISHING HOUSE

内 容 简 介

本书依据《安全防范工程技术规范》《入侵报警系统工程设计规范》《视频安防监控系统工程设计规范》《出入口控制系统工程设计规范》等国家标准编写，结合楼宇安防系统工程实例，以任务驱动的学习模式，全面阐述了出入口管理系统、防盗报警系统、视频监控系统、电子巡更系统及一卡通系统等楼宇安防系统的设计与施工方法。书后附有安防系统常用图形符号及国家/行业标准目录等内容，供广大读者参考。

本书适合作为高职高专楼宇智能化工程技术、建筑工程技术、建筑设备等专业的教材，也可供其他工程技术人员学习与参考。

图书在版编目（CIP）数据

智能楼宇安防系统设计与施工 / 李博主编.— 北京：
中国铁道出版社，2013.10
"十二五"高等职业教育土建类专业规划教材
ISBN 978-7-113-11953-9

Ⅰ．①智… Ⅱ．①李… Ⅲ．①智能化建筑－安全防护
－建设设计－高等职业教育－教材②智能化建筑－安全防
护－工程施工－高等职业教育－教材 Ⅳ．①TU89

中国版本图书馆 CIP 数据核字(2013)第 212641 号

书　名：智能楼宇安防系统设计与施工		
作　者：李 博 主编		

策　　划：何红艳		读者热线：400-668-0820	
责任编辑：何红艳		特邀编辑：王 冬	
编辑助理：绳 超			
封面设计：付 巍			
封面制作：白 雪			
责任印制：李 佳			

出版发行：中国铁道出版社（100054，北京市西城区右安门西街 8 号）
网　　址：http://www.51eds.com
印　　刷：北京市昌平开拓印刷厂
版　　次：2013 年 10 月第 1 版　　2013 年 10 月第 1 次印刷
开　　本：787mm×1092mm　1/16　印张：11.5　字数：284 千
印　　数：1～3 000 册
书　　号：ISBN 978-7-113-11953-9
定　　价：24.00 元

　　"楼宇智能化工程技术"专业是一个新兴的高职类专业,该专业具有较强的工程性与实践性,注重培养学生在智能楼宇设计、施工与运行方面的专业能力及综合素质。智能楼宇安防系统是智能建筑重要的组成部分,国内绝大部分高职院校"楼宇智能化工程技术"专业都把安防系统相关课程作为专业核心课程,在"智能楼宇管理师"职业技能鉴定中,安防系统相关知识也是重要的考核内容。

　　智能楼宇安防系统具有内容较新、技术发展较快、知识体系较综合、对实践操作技能要求较高等特点,所以编者在总结多年教学实践经验的基础上,编写了本书。本书力求突出楼宇安防系统的工程性与实践性,采用任务驱动的学习模式,内容与国内大型教仪厂商主流教仪设备结合度良好。

　　本书面向高职"楼宇智能化工程技术"专业学生,采用任务驱动的学习模式,通过大量的行业调研,根据岗位需求,提炼设计了 5 个学习情境共 14 个典型的工作任务。这 14 个工作任务涉及智能楼宇出入口管理系统、防盗报警系统、视频监控系统、电子巡更及一卡通系统,覆盖了楼宇安防系统设计与施工领域的主要知识点和技能要点。

　　本书具有以下特点:

　　(1)产教结合。每个工作任务都来源于工程实际,教材紧密结合市场主流安防设备,着重强调工程设计、施工规范,强调安装、布线工艺。

　　(2)强化衔接。每个任务由"任务目标""任务描述""任务分析""任务实施""任务总评""相关知识"及"思考与练习"等部分组成,其中"任务实施"部分基本按照行动导向教学法展开,由"信息查询""制订计划""任务施工""汇报总结"等环节构成,每个环节都有相应的评价表格,构成既丰富又细致、既具有公正性又具有个性化的评价体系。

　　(3)创新形式。本书结合"楼宇安防系统设计与安装"精品课程编写,该精品课程已建成安防视频教学库、题库、试卷库等形式多样的数字化教学素材,这是本书重要的配套电子资源。

　　本书由李博任主编,韩承江任副主编。学习情境 1 由韩承江编写,学习情境 2～5 由李博编写,史春朝负责审稿工作,全书由李博统稿并最后定稿。

　　本书的编写工作得到了亚龙科技集团的支持。在本书编写过程中,亚龙科技集团的黄听立指导了部分工程案例的设计,在此表示真诚的感谢!

　　由于编者水平有限,加之时间仓促,书中难免有不当之处,敬请读者批评指正。

编　者
2013 年 8 月

CONTENTS | 目　录

通过信息检索、整理资料、演讲汇报等训练，掌握楼宇安防系统的概念、系统构成、设计规范和施工标准等内容，提升职业素养。

任务1 认识智能楼宇安防系统

任务目标

（1）了解楼宇安防系统的概念。

（2）掌握楼宇安防系统的构成，各子系统的功能与特点。

（3）培养与提高检索、整理信息的能力。

（4）培养与提高绘图能力。

（5）培养与提高演讲、表达能力。

任务描述

本次任务鼓励学生主动利用网络、图书等资源，通过信息检索、整理资料、演讲汇报等方式，学习楼宇安防系统的概念、作用、特点、技术构成及发展方向，学习楼宇安防系统各子系统的概念、功能与特点，并制作PPT汇报展示学习成果。通过完成本次任务，能够较为全面地认识和了解智能楼宇安防系统。

任务分析

本次任务通过信息查询锻炼学生检索信息的能力，通过绘制系统框图锻炼学生的绘图能力，通过演讲汇报锻炼学生的语言表达能力，通过分工协作锻炼学生的沟通交流能力。

通过完成本次任务，学生对智能楼宇安防系统的相关概念形成较为全面的认识，并对楼宇安防系统的各个子系统有较为全面的了解。

任务实施

1. 信息查询

根据"信息查询表"，以小组为单位，查询并归纳总结本次任务的核心知识点。"信息查询表"见表1-1。

表 1-1　信息查询表

《智能楼宇安防系统设计与施工》——信息查询（占总评40%）				
任务编号：学习情境1　任务1		任务名称：认识智能楼宇安防系统	得分：	
班级：　　　　组号：		小组成员：		
序号	核心知识点	查询结果	分值	得分
1	智能楼宇技术中的5A系统指什么？为什么传统的3A系统演变为5A系统		5	
2	智能楼宇安防系统必须具备哪些基本功能？结合生活中的案例对每项功能进行必要的解释		5	
3	智能楼宇安防系统主要使用哪些技术		5	
4	传统意义上的楼宇安防系统的三大子系统分别是什么		5	
5	联系生活实际，列举在日常工作、生活中使用到的楼宇安防设备，并描述其主要作用		5	
6	智能巡更系统与传统巡更系统相比，具有哪些优点		5	
7	一卡通系统通常能实现哪些功能？其中与出入口控制系统相关联的功能有哪些		5	
8	智能楼宇安防系统的发展方向是什么？举例描述未来楼宇安防系统在日常工作、生活中扮演的角色		5	

2. 任务施工

按照要求，绘制相关安防子系统的系统框图和市场调研分析图，根据"施工打分表"对每个小组的任务施工情况进行打分。"施工打分表"见表1-2。

表 1-2　施工打分表

《智能楼宇安防系统设计与施工》——施工打分（占总评40%）				
任务编号：学习情境1　任务1		任务名称：认识智能楼宇安防系统	得分：	
班级：　　　　组号：		小组成员：		
序号	操作要求	操作结果	分值	得分
1	请绘制一个典型的基本小区对讲门禁系统的结构框图，要求实现"住户—单元门口—保安"之间的呼叫对讲功能		10	
2	请绘制一个典型的基本家庭防盗报警系统的结构框图，要求实现对门磁探测器、红外探测器、玻璃破碎探测器的报警功能		10	
3	请绘制一个典型的基本视频监控系统的结构框图，要求实现硬盘录像机管理半球摄像机、枪型摄像机的功能		10	

《智能楼宇安防系统设计与施工》——施工打分（占总评 40%）			
任务编号：学习情境 1 任务 1	任务名称：认识智能楼宇安防系统	得分：	
班级： 组号：	小组成员：		
序号	操 作 要 求	操 作 结 果	分值	得分
4	请做一个当前停车场管理系统的市场调查，以饼状图或曲线图的方式，描述停车场管理系统的建设现状及发展趋势		10	

3. 汇报总结

每个小组根据本组任务完成情况进行 PPT 汇报总结，各个小组点评员根据"PPT 汇报表"对汇报小组的 PPT 内容、制作及汇报演讲情况进行评价、打分。"PPT 汇报表"见表 1-3。

表 1-3 PPT 汇报表

《智能楼宇安防系统设计与施工》——PPT 汇报（占总评 20%）									
任务编号：学习情境 1 任务 1		任务名称：认识智能楼宇安防系统					得分：		
班级： 组号：		小组成员：							
序号	打分方面	具 体 要 求	分值	第 1 小组打分	第 2 小组打分	第 3 小组打分	第 4 小组打分	第 5 小组打分	第 6 小组打分
1	专业能力（4 分）	汇报人是否熟悉相关专业知识	2						
		汇报人是否对相关专业知识有独到见解	2						
2	方法能力（6 分）	PPT 制作技术是否熟练	2						
		PPT 所用信息是否丰富、有用	2						
		PPT 内图样是否用专业工具正确绘制	2						
3	社会能力（10 分）	汇报人语言表达能力如何	2						
		汇报人是否声音洪亮、清晰	2						
		汇报人是否镇定自若、不紧张	2						
		汇报人是否与观众有互动	2						
		汇报是否有创新精神	2						
各小组打分合计									
该小组平均得分									

任务总评

根据"信息查询表"、"施工打分表"、"PPT 汇报表"的打分情况，综合评定小组本次任务的总评成绩，记录于"任务总评表"，见表 1-4。

表 1-4 任务总评表

《智能楼宇安防系统设计与施工》——任务总评（总分 100 分）					
任务编号：学习情境 1 任务 1		任务名称：认识智能楼宇安防系统		得分：	
班级：	组号：	小组成员：			
序号	评价项目	主要考察方面		分值	得分
1	信息查询表	（1）核心知识点掌握程度； （2）信息检索能力； （3）文字组织能力； （4）沟通协作能力		40	
2	施工打分表	（1）设计能力； （2）绘图能力； （3）调研能力； （4）归纳总结能力		40	
3	PPT 汇报表	（1）创新能力； （2）语言表达及交流能力； （3）PPT 制作技能力		20	

相关知识

1. 楼宇安防系统的概念

智能楼宇技术包括网络通信技术、计算机技术、自动控制技术、消防与安防技术、声频与视频应用技术、综合布线和系统集成技术，它是现代建筑技术、通信技术、计算机技术、控制技术等互相结合、互相渗透的产物，集中体现了当今信息社会的信息特征。确切地说，智能楼宇技术是楼宇自动化系统（Building Automation System，BAS）、通信自动化系统（Communication Automation System，CAS）和办公自动化系统（Office Automation System，OAS）三者的有机结合，也就是通常所说的 3A 系统。

从国际和国内实际情况来看，消防自动化系统（Fire Automation System，FAS）和安防自动化系统（Safety Automation System，SAS）都是由专门机构负责的，有着比其他系统更加严格的管理和验收程序，因此 FAS 和 SAS 也被列入智能楼宇子系统，3A 系统变成了 5A 系统。因此，安防是智能楼宇中非常重要的一部分，安防自动化程度的先进性也极大地影响着智能楼宇的整体水平。

安防系统在智能楼宇中一般涉及出入口管理、停车场管理、巡更管理、周界管理、楼宇对讲、闭路电视监控系统（CCTV）和住户内部安全管理等方面，涉及电学、声学、光学、通信学、数字信号处理、自动控制等多个学科和领域，是比较复杂的综合性技术。

2. 楼宇安防系统的作用

由于智能楼宇发展趋势的大型化、自动化、高层次化，使得其安防系统显得更加必不可少。楼宇安防系统的主要作用如下：

1）防范

防患于未然是该系统的主要目的，无论对人还是对财务，防范都是必须放在首位的。通过系统的威慑力阻止犯罪行为的发生，能够把损失减小到最低值。

2）报警

当发现安全受到威胁或破坏时，系统应能够及时报警。通过声音、光等形式的报警，及时呼救保安人员，并及时中止犯罪行为。

3）监视

系统应能够对楼宇中需要监视的区域进行不间断的、实时的监视。

4）记录

当发生报警或其他紧急情况时，系统应能够迅速地把报警区域的环境、声音、图像等数据及时记录下来，以备查验。另外在出入口控制系统，系统应能完整记录各出入口的呼叫、开锁等信息，以备查验。

5）防拆

系统本身应具有防破坏功能，当系统内一些关键设备或线路遭到破坏时，系统应能够主动报警。

6）自检

系统应能够进行不定期的自检，并具有消除误报、漏报功能。

3. 楼宇安防系统的主要技术

1）信号检测技术

目前在智能楼宇系统中，信号检测技术的应用主要是信号探测技术，也就是通常所说的传感器类技术。传感器是用来探测入侵者移动或者其他动作的电子及机械部件，它通常将压力、振动、声音、光等形式转换成相应的电信号，再经过放大、滤波、整形等处理，使其成为易于传输的数字或模拟信号。

目前常用的传感器主要有开关报警器、振动报警器、超声波报警器、次声波报警器、红外报警器、微波报警器、激光报警器、烟感报警器和温度报警器等。这些报警器采用的是比较成熟和通用的技术，它们的集成度一般比较低，采取的工作方式一般有主动和被动两种方式。

主动报警器在工作时，报警器一直向需要报警的区域连续地发出信号，经反射、直射或其他方式在报警器上形成稳定的信号，当报警控制区域内有异常情况时，报警器上的信号发生变化，根据信号变化的情况产生报警信号。

被动方式报警时，它依靠被测物体自身存在的能量变化进行检测，报警器工作时不需要向探测现场发送任何信号，当异常情况出现时，一直稳定的信号出现变化，报警器根据信号变化的情况产生报警信号。

2）信号传输技术

信号传输技术主要是指前端现场设备与控制管理中心、控制管理中心内部及控制管理中心相关职能部门之间的信号传输，主要有现场总线控制技术、计算机网络通信技术。

现场总线控制技术是在智能楼宇系统中应用在前端现场设备与控制管理中心之间的信号传输技术，是目前应用最广泛的技术。根据标准 IEC 61158 中的定义，现场总线是指安装在制造或控制区域内的现场装置与控制中心的自动控制设备之间数字化、多点通信的串行数据总线，此技术最早开始应用是在 1984 年，具有开放性、互操作性、分布式控制性、易维护性及很强的环境适应性等特点，因此，更加能够节省硬件投资、节约安装费用、提高系统的准确性和可靠性，并使系统易于扩展。

计算机网络通信技术是应用在智能楼宇系统中控制管理中心设备之间的通信联系手段，目前使用最广泛的是 TCP/IP 技术、LAN 局域网技术、虚拟局域网技术、广域网技术及虚拟专用网技术，这些都是目前较成熟、应用较普遍的技术，在智能楼宇系统中也得到了充分的应用。

3）信号处理技术

在楼宇安防系统中，信号处理技术基本上覆盖了目前电子、自动化领域中的大部分常用技术，具体来说主要有音视频技术、DSP 数字处理技术、微处理器技术、图像处理及存储技术、触摸屏控制技术、文字视频叠加技术、无线接收技术、液晶显示技术等。

4. 楼宇安防系统的基本构成

楼宇安防系统通常由对讲门禁系统、防盗报警系统、视频监控系统、电子巡更系统、一卡通系统、停车场管理系统等子系统构成。

对讲门禁系统是居民住宅小区的住户与外来访客的对话系统，对小区的规范管理和小区的安全保证有重要意义。

防盗报警系统是预防抢劫、盗窃等意外事件发生的重要设施，一旦发生突发事件，就能通过声光警报或电子地图提示值班人员出事地点，以便于迅速采取应急措施。

视频监控系统是安防系统的重要组成部分，它是一种防范能力较强的综合系统。视频监控以其直观、准确、及时和信息内容丰富而广泛应用于许多场合。

电子巡更系统是对保安巡查人员的巡查路线、方式及过程进行管理和控制的电子系统。

一卡通系统是用户使用一张非接触感应卡，实现多种不同管理功能，如门禁、考勤、消费、停车场出入等。

5. 对讲门禁系统简介

住宅小区的特点是用户集中、容量大、统一保安管理，而且国内大部分地区经济发展程度不高，因此小区安防系统必须满足"安全可靠、经济有效、集中管理"的要求。

虽然目前市场上有各种各样的安防系统，但是真正符合小区特点、适合小区使用的产品并不多。楼宇对讲系统作为这样的产品，具有连线少、户户隔离不怕短路、户内不用供电、待机状态不耗电、不用专用视频线、稳定性高、可靠性好、维护方便等特点。

随着居民住宅的不断增加，小区的物业管理显得日趋重要。其中访客登记及值班看门的管理方法已不适合现代管理"快捷、方便、安全"的需求。楼宇对讲系统是由各单元口的防盗门、小区总控中心的管理员总机、楼宇出入口的对讲主机、电控锁、闭门器及用户家中的可视对讲分机等设备通过专用网络构成，实现访客与住户对讲、住户可遥控开启防盗门、住户呼叫保安等功能，从而限制了非法人员进入。若住户在家发生抢劫或突发疾病，可通过该系统通知保安人员以得到及时的支援和处理。

对讲系统是住宅小区住户与来访者的音像通信联络系统，它是住宅小区住户的第一道非法入侵的安全防线。通过这套系统的设置，住户可在家中用对讲分机，通过设在单元楼门口的对讲门口主机，与来访者通话并能通过分机屏幕上的影像，辨认来访者。当来访者被确认后，住户利用分机上的门锁控制键，打开单元楼门口主机上的电控门锁，允许来访者进入。否则，一切非本单元楼的人员及陌生来访者，均不能进入。这样确保了住户的方便和安全。

对讲门禁系统对于确保区域和室内安全、实现智能化管理具有重要作用，它是一种简便易行、无人值守、易于普及的控制系统。

楼宇对讲门禁系统应该针对不同的住宅结构、小区分布和功能要求来选择。有些适用于非封闭式管理的住宅，能够实现呼叫、对讲和开锁功能，并具有夜光指示功能；还有些适用于低层至高层的各种住宅结构；封闭式管理的小区则可选用带有安全报警功能的室内分机，用户可根据各自需要安装门磁、红外探测器、烟感探测器、燃气探测器等。

为兼顾不同用户的需要，可视系统中彩色机与黑白机分机兼容，用户可采用彩色机，也可选用黑白机，还可选用不带可视功能的对讲室内机；为方便工程布线，根据不同的小区分布，大系统总线可采用星形布线和环形布线；为彻底解决大系统信号衰减，在同一根电缆上视频双相传输、双相放大可采用智能化信号增强器。

封闭式的小区还可设置管理中心。管理中心机可储存报警记录，可随时查阅报警类型、时间和报警住户的楼栋号和房号，中心机可监控和呼叫整个小区与楼栋门口。图 1-1 为某一小区对讲门禁系统示意图。

6. 防盗报警系统简介

随着社会的进步和科学的发展，人类进入现代化管理阶段，安防的技术水平也不断提高。目前，人们已摆脱了人力机械防守的手段，而是依靠高科技装备，提高安防的可靠性和效率，其中，防盗报警系统是安防系统中应用最广泛的手段之一，其独特的功能是其他安防手段所无法比拟的。目前防盗报警系统已被广泛应用于部队、公安机关、金融机构、现代化综合办公大楼、工厂、商场等场所。

防盗报警系统的设备一般分为前端探测器和报警控制器。报警控制器通常包括有线/无线信号的处理、系统本身故障的检测、电源部分、信号输入/输出、内置拨号器等各个方面；前端探测器通常包括门磁开关、防拆开关、玻璃破碎探测器、红外探测器、紧急呼救按钮等。

根据需求的不同，选用不同的防盗报警控制器，所构成的防盗报警系统有小型家庭防盗报警系统、六防区防盗报警系统、八防区防盗报警系统、大型防盗报警系统等各种类别。图 1-2 为小型家用防盗报警系统。

7. 视频监控系统简介

视频监控系统是利用前端摄像机获得视频信号源，并通过同轴电缆、双绞线、光纤或微波等将信号传输到监控中心，监控中心的后端设备将获得的信号进行处理、显示和存储等，从而构成完整的监控系统。视频监控系统能实时、形象、真实地反映被监控对象，不但极大地延长了人眼的观察距离，而且扩大了人眼的机能，它可以在恶劣的环境下代替人工进行长时间监视，让人能够看到在被监视现场实际发生的一切情况，并通过录像记录下来。

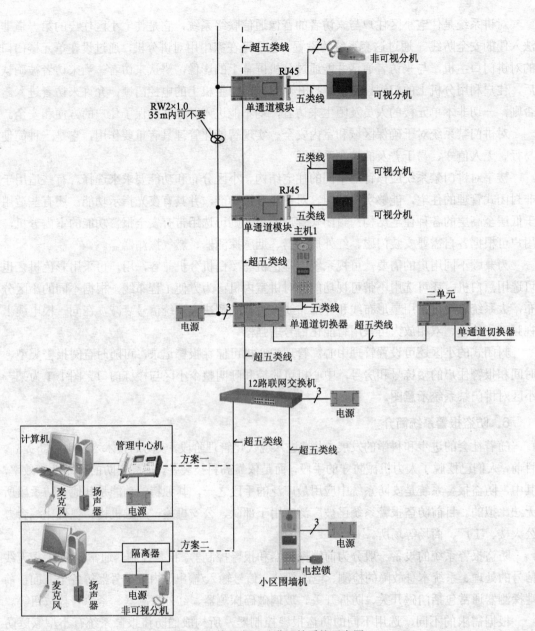

图 1-1　某一小区对讲门禁系统示意图

图 1-2　小型家用防盗报警系统

　　视频监控系统是智能楼宇安防系统的一个重要组成部分，是一种先进的、防范能力极强的综合系统。采用摄像机对被控现场进行实时监视，能实时、形象、真实地反映被监控的对象，使得安保人员在控制室中能观察到大楼内所有重要地点的情况，为安保系统提供了视听效果，为消防、防盗和楼内各种设备的运行和人员活动提供了监视手段，极大地提高了管理效率和自动化水平。周边防范系统的技术防范是在小区周边设置探测器或利用画面移动侦查技术，探测任何试图非法进入小区的行为，一旦发生非法进入行为，系统联动现场和控制室声光报警器，给入侵者以威吓并通知安保人员进行处理，同时自动启动 24 h 不间断录像保存系统，及时记录现场的入侵行为，以备查询分析，寻找可疑线索。两系统作为智能安防系统的一部分，成为智能楼宇安全自动化的基本组成模块。

　　半数字化监控系统是在模拟监控系统上发展起来的，既有模拟部分又有数字部分，其视频图像生成、传输大多采用模拟的方式；图像的分割既可以采用模拟装置，也可以通过计算机以软件的形式来实现；其中最突出的是图像的记录，采用了以数字的方式进行存储，这种方式不仅容量大，而且能快速读取和检索。

　　2005 年 9 月中国公安部正式启动城市联网报警与监控系统建设（3111 工程），在全国范围内展开报警与监控系统建设试点工程，推动"平安城市"的建设步伐。城市报警与监控管理是衡量一个城市现代化管理水平的重要方面，也是实现一个城市乃至整个国家安全和稳定的重要措施。图 1-3 是"平安城市"视频监控系统组网方案图。

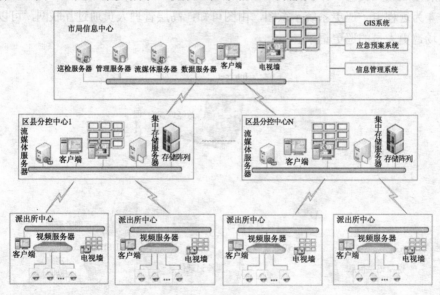

图 1-3　"平安城市"视频监控系统组网方案图

8. 电子巡更系统简介

　　电子巡更系统是门禁系统的一个"变种"，是一种对门禁系统的灵活运用。它主要应用于大厦、厂区、库房、野外设备、管线等有固定巡更作业要求的行业中。它的工作目的是帮助各企业的领导或管理人员利用本系统来完成对巡更人员和巡更工作记录进行有效的监督和管理，同时系统还可以对一定时期的线路巡更工作情况做详细记录，深受用户的喜爱。

　　目前对安防区域的巡更工作普遍采用早期的人员签到或领导抽查等较为传统的记录方式。随着时代的进步，它的弊端也越来越明显地暴露出来。这种巡更方法可靠性差，效率低，真实性不足，容易作弊，管理者不容易准确掌握巡更人员的工作状况。

　　电子巡更系统能对巡更作用中的巡更地点、巡更状态、巡更人员进行数字标识，可以将任意的巡更地点按需要，定义为不同的巡更路线。这些巡更路线可以根据各个部位的具体管理规定进行巡更规则的定义。用户可通过巡更规则的使用定义每条线路每天的巡更次数和巡更时间，或定义每条线路每天的巡更为任意次数、任意时间。在本系统中线路上的每个巡更地点均可以规定时间间隔和允许误差。用户还可以通过使用本系统中的识读器来完成在巡更过程中记录每一个巡更人员对每条线路上各个地点的实际巡更顺序、实际巡更时间。并可利用状态模板，由巡更人员记录当时巡更地点周围的环境状态或设备工作状态。在巡更结束后，管理人员可以通过管理软件将记录的数据传送到个人计算机，并根据制订的巡更规则，对全部数据进行自动化处理，最后将检查结果可直观地进行显示，这些检查的结果可以在管理系统中保存、查询和报表打印。在内部各层走廊设置巡更站，确保巡更人员可以巡更到大楼的各个角落。

　　电子巡更系统无论是在真实性、可靠性，还是在传送的安全性与便捷性方面均表现良好。在历史数据的处理与分析上电子巡更的优点尤为突出，电子巡更的软件中可以设置计划功能，可以使历史数据与计划数据进行比较，可以自动生成巡更人员的巡更情况报表，使管理者一目了然地清楚巡更人员的工作状况。

　　图1-4为远程电子巡更系统示意图，由图可知：高层管理人员通过互联网，可以随时了解工作现场巡更人员的巡更记录。

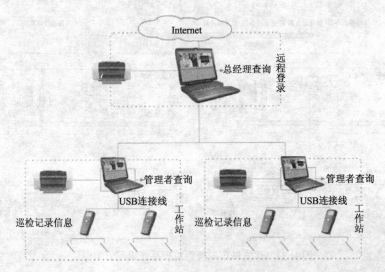

图1-4　远程电子巡更系统示意图

9. 一卡通系统简介

　　目前在智能建筑中应用的一卡通系统，已经覆盖了人员身份识别管理、宾客资料管理、员工考勤管理、电子门锁管理、出入口门禁管理、水电气三表数据远传和收费管理、车场收费及车辆进出管理、员工食堂售饭管理、员工工资及福利管理、人事档案及人员调度管理、商场及餐厅娱乐场所的电子消费管理、图书资料卡及保健卡管理、电话收费管理等。

在智能建筑中 IC 卡的使用者主要是该建筑物物业管理公司的员工和保安员、业主、客户、外来消费的贵宾和游客。由此可知，一卡通系统具有下述功能：

（1）制卡、发卡，以及所有 IC 卡的制作、发放、挂失、补发、注销等。

（2）宾馆客房 IC 卡门锁管理及开门信息的统计、分析、汇总、打印等，实现分级别、分区域、分时段管理。

（3）门禁点监控管理，包括电梯通道、消防通道及重要出入口，可以在指定时间段按授权进入允许的楼层或地段。实时监控，随时设置统关、统开，或指定若干通道开关，可随时查询、统计、分析出入信息档案、巡更点巡检和信息管理。巡更人员警卫服务是在固定地点或岗位设置 IC 卡读写器，警卫或服务员定时将本人的 IC 卡触碰探头，以确认身份和报告平安。

（4）物业和楼宇设备管理，包括水、电、气、通信费用结算，房屋、场地租金结算等，还可以用 IC 卡采集某些楼宇设备的状态信息或输入一些控制信息。餐饮、娱乐、健身等非现金消费管理，确认身份、确认消费权限和最大消费额，可用作记账收费系统，也可用作预付费卡。

（5）人事工资和考勤管理，通过发放员工卡，实现对员工的培训、管理和考查，对人员流动及工作状态实行实时跟踪管理，提高员工工作效率。

图 1-5 为某一典型的校园一卡通系统示意图。

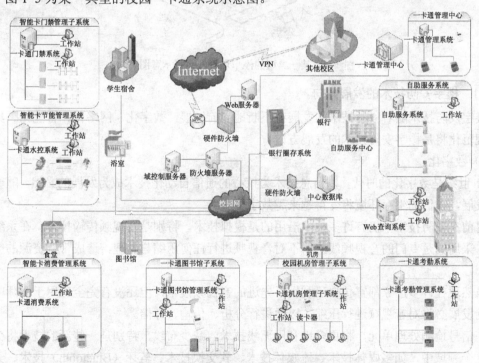

图 1-5 某一典型的校园一卡通系统示意图

10. 停车场管理系统简介

停车场管理系统是以一种高效、公正准确、科学经济的停车场管理系统，实现停车场对于车辆动态和静态的综合管理。系统以感应卡为载体，通过感应卡记录车辆进出信息，利用计算机管理手段确定停车场的计费金额,结合工业自动化控制技术控制机电一体化外围设备,从而管理进出停车场的各种车辆。

停车场系统具备以下基本作用：控制车辆进入权限、记录及限制停车时间、车位满时限制进入、显示剩余车位、车位引导、单通道系统防止车在通道内堵车、实现不停车过通道、门口实现车牌识别自动拍照功能等。

图 1-6 为某一典型的停车场管理系统示意图。

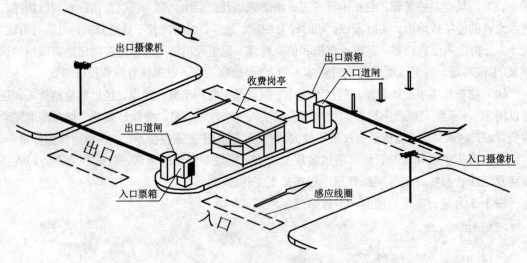

图 1-6　某一典型的停车场管理系统示意图

11. 楼宇安防技术的发展方向

楼宇安防技术随着科学技术的发展在不断地向前发展，数字化、网络化、智能化、集成化、规范化将是楼宇安防技术的发展方向。

1）数字化

21 世纪是数字化的时代，以信息技术为核心的通信自动化技术成为发展的必然。随着时代的发展，人们的生存环境将变得越来越数字化。

目前在安防技术中仍有许多技术沿用的是模拟技术，特别是音视频传输技术，在系统布线时，采用的是专门的音视频线路，不对音视频进行任何压缩与处理，造成带宽资源的严重浪费。

虽然现在许多厂家都宣传自己利用了先进的音视频技术，但还没有完全应用于实际中，将来的发展必将对音视频进行压缩，以便进行分析、传输、存储。

在信号检测处理单元，将更多地利用无线技术，减少布线，特别是一些新的技术将会应用在这个领域中，如多媒体技术、流媒体技术、软交换技术、蓝牙（Bluetooth）技术、无线高保真（Wireless Fidelity，Wi-Fi）技术、ZigBee 技术等。

2）网络化

目前在每个安防系统中，都单独建有自己的专用网络。由于现在的安防技术中个别技术没有得到很好的应用，安防系统的网络化还没有真正的实现。

安防系统实现网络化后，人们可以利用 Internet 随时随地了解自己的安全状况。当有警情发生时，可以随时知道并在第一时间通知到相关部门进行及时处理，以减少损失。

基于 IP 的智能安防系统与传统的安防系统最主要的区别在于，IP 智能安防系统构建在网络技术基础之上，从图像的采集、传输、存储、处理到识别，全部采用数字化技术和网络化技术。

IP 智能安防系统可以实现随时随地对对象进行监控和管理。例如，用户可以通过网络摄像机或无线终端随时随地监控大厦，也可以通过电话对住所随时进行视频监控，因此可以随时随地看到监控的内容。

3）智能化

随着各种相关技术的不断发展，人们对安防系统提出了更高的要求，安防系统将进入智能化阶段。安防系统进入智能化后，可以实现自动数据处理、信息共享、系统联动、自动诊断，并利用网络化的优势进行远程控制、维护。先进的语音识别技术、图像模糊处理技术将是安防系统智能化的具体表现。智能楼宇安防系统可以提供更高级的服务，如特征识别系统可以进行车辆管理，面部识别系统可以对进入大厦的人员进行识别。

4）集成化

如前所述，目前安防系统在智能楼宇系统中是一项专门的系统，它是 5A 中的 1A，即 SAS。5A 集成系统使弱电电缆的用量大增，而且种类繁多，难以管理，极不符合智能楼宇的整体发展需求。随着各种相关技术的不断发展，将 5A 系统集成在一起，是将来发展的必然趋势。

5）规范化

目前，在安防系统中，各国都有自己的规范性文件，但是对使用的技术却没有像电信一样有着全球统一的技术规范，因此可能会造成信息通信、共享、管理的混乱。实现安防技术的规范化、标准化，是安防行业所有企业的共同利益所在。

思考与练习

1．楼宇安防系统的主要特点是什么？
2．楼宇安防系统主要包括哪几个子系统？
3．楼宇安防系统的各个子系统的主要功能是什么？
4．楼宇安防系统的发展方向是什么？

任务 2　掌握楼宇安防系统设计规范和施工标准

任务目标

（1）掌握楼宇安防系统设计规范。
（2）了解楼宇安防系统相关国家标准及行业标准。
（3）掌握楼宇安防系统相关施工标准和工艺要求。

（4）提升对职业素养的认识。

（5）提升绘图、识图能力。

任务描述

利用网络、图书等资源，以小组合作的形式，通过信息查询、整理和归纳，学习楼宇安防系统相关的设计规范及施工标准，主要掌握安防各子系统设计、安全性设计、可靠性设计、供电系统设计、集成性设计等设计方法，并了解楼宇安防工程施工组织与管理及施工工艺标准等方面的要求。

任务分析

通过学习楼宇安防系统相关的国家标准和行业标准，对楼宇安防系统设计规则形成较为准确的认识，对楼宇安防工程的施工工艺和注意事项有较为清晰的认识。

本次任务应参照书后的附录 A、附录 B 及附录 C 开展，尤其应对《安全防范工程技术规范》（GB 50348—2004）、《入侵报警系统工程设计规范》（GB 50394—2007）、《视频安防监控系统工程设计规范》（GB 50395—2007）、《出入口控制系统工程设计规范》（GB 50396—2007）作深入细致的解读。

任务实施

1. 信息查询

根据"信息查询表"，以小组为单位，查询并归纳总结本次任务的核心知识点。"信息查询表"见表 1-5。

表 1-5　信息查询表

《智能楼宇安防系统设计与施工》——信息查询（占总评 40%）				
任务编号：学习情境 1　任务 2		任务名称：掌握楼宇安防系统设计规范和施工标准	得分：	
班级：　　　　组号：		小组成员：		
序号	核心知识点	查询结果	分值	得分
1	楼宇安全防范工程的设计应遵循哪些原则		4	
2	在入侵报警系统设计中，前端探测器的点、线、面指的是什么意思？举例说明		4	
3	解释"设防""撤防""周界防范""报警复核""联动"等术语的意义		4	
4	视频监控系统应能够实现哪些基本功能		4	
5	出入口控制系统中，紧急疏散出口的设计有什么特别的要求？原因是什么？结合生活中的实例进行分析		4	
6	停车场管理系统的安防设计应实现哪些基本功能		4	

续表

《智能楼宇安防系统设计与施工》——信息查询（占总评40%）

任务编号：学习情境1 任务2		任务名称：掌握楼宇安防系统设计规范和施工标准	得分：	
班级：	组号：	小组成员：		
序号	核心知识点	查询结果	分值	得分
7	MTBF 是什么意思？各个设备的 MTBF、各个子系统的 MTBF、整个安防系统的 MTBF 应符合什么关系？为什么		4	
8	解释"可靠性""设计余量""额定值""冗余""模块化""插件化"等术语的意义		4	
9	楼宇安防系统设计中，对供电系统的设计有哪些具体的要求		4	
10	什么是集成化设计？出入口控制系统为什么必须与火灾消防系统联动		4	

2. 任务施工

根据"施工打分表"对每个小组的任务施工情况进行打分。"施工打分表"见表1-6。

表1-6　施工打分表

《智能楼宇安防系统设计与施工》——施工打分（占总评40%）

任务编号：学习情境1 任务2		任务名称：掌握楼宇安防系统设计规范和施工标准	得分：	
班级：	组号：	小组成员：		
序号	操作要求	操作结果	分值	得分
1	请对实训工位架上使用到的各种耗材进行整理、归类和列表，在表中说明耗材的型号及主要用途		8	
2	请认真观察工位架，思考理线环、理线槽的作用，结合现实工程实例，总结线路敷设应注意的事项		8	
3	组内进行讨论，对讨论情况归纳整理，总结出在线路端接、布线、线色区分、设备安装时应遵循的工艺标准，并说明这些标准的作用		8	
4	小组内学习国家标准《入侵报警系统工程设计规范》，列表整理20个相关专业术语，并在表中对专业术语进行解释		8	
5	小组内学习行业标准《安全防范系统通用图形符号》（GA/T 74—2000），绘图并列表整理20个典型常用的图形符号，并对图形符号进行标识和解释		8	

3. 汇报总结

每个小组根据本组任务完成情况进行 PPT 汇报总结，各个小组点评员根据"PPT 汇报表"对汇报小组的 PPT 内容、制作及汇报演讲情况进行评价、打分。"PPT 汇报表"见表 1-7。

表 1-7 PPT 汇报表

《智能楼宇安防系统设计与施工》——PPT 汇报（占总评 20%）								
任务编号：学习情境 1 任务 2		任务名称：掌握楼宇安防系统设计规范和施工标准						得分：
班级：	组号：	小组成员：						
序号	打分方面	具 体 要 求	分值	第 1 小组打分	第 2 小组打分	第 3 小组打分	第 4 小组打分	第 5 小组打分	第 6 小组打分
1	专业能力 （4分）	汇报人是否熟悉相关专业知识	2						
		汇报人是否对相关专业知识有独到见解	2						
2	方法能力 （6分）	PPT 制作技术是否熟练	2						
		PPT 所用信息是否丰富、有用	2						
		PPT 内图样是否用专业工具正确绘制	2						
3	社会能力 （10分）	汇报人语言表达能力如何	2						
		汇报人是否声音洪亮、清晰	2						
		汇报人是否镇定自若、不紧张	2						
		汇报人是否与观众有互动	2						
		汇报是否有创新精神	2						
各小组打分合计									
该小组平均得分									

任务总评

根据"信息查询表""施工打分表"和"PPT 汇报表"的打分情况，综合评定小组本次任务的总评成绩，记录于"任务总评表"中，"任务总评表"见表 1-8。

表 1-8 任务总评表

《智能楼宇安防系统设计与施工》——任务总评（总分 100 分）				
任务编号：学习情境 1 任务 2		任务名称：掌握楼宇安防系统设计规范和施工标准		得分：
班级：	组号：	小组成员：		
序号	评价项目	主要考察方面	分值	得分
1	信息查询表	（1）核心知识点掌握程度； （2）信息检索能力； （3）文字组织能力	40	
2	施工打分表	（1）发散性思考能力； （2）团队协作能力； （3）制表能力； （4）绘图、识图能力	40	

续表

《智能楼宇安防系统设计与施工》——任务总评（总分100分）				
任务编号：学习情境1 任务2		任务名称：掌握楼宇安防系统设计规范和施工标准	得分：	
班级：	组号：	小组成员：		
序号	评价项目	主要考察方面	分值	得分
3	PPT 汇报表	（1）创新能力； （2）语言表达及交流能力； （3）PPT 制作技能	20	

相关知识

1. 楼宇安防系统工程设计规范

楼宇安防系统工程的设计应根据被防护对象的使用功能、建设投资及安防管理工作的要求，综合运用安防技术、电子信息技术、计算机网络技术等，构成先进、可靠、经济、适用、配套的安防应用系统。安防工程的设计应以结构化、规范化、模块化、集成化的方式实现，应能适应系统维护和技术发展的需要。系统的配置应采用先进而成熟的技术、可靠而适用的设备。安防系统中使用的设备必须符合国家法规和现行相关标准的要求，并经检验或认证合格。

楼宇安防系统工程的设计应遵循下列原则：

（1）系统的防护级别与被防护对象的风险等级相适应。

（2）技防、物防、人防相结合，探测、延迟、反应相协调。

（3）满足防护的纵深性、均衡性、抗易损性要求。

（4）满足系统的安全性、电磁兼容性要求。

（5）满足系统的可靠性、维修性与维护保障性要求。

（6）满足系统的先进性、兼容性、可扩展性要求。

（7）满足系统的经济性、适用性要求。

楼宇安防系统一般由安全管理系统和若干个相关子系统组成，结构按其规模大小、复杂程度可有多种构建模式。按照系统集成度的高低，安防系统分为集成式、组合式、分散式 3 种类型。各相关子系统的基本配置，包括前端、传输、信息处理/控制/管理、显示/记录 4 大单元。不同功能的子系统，其各单元的具体内容有所不同。现阶段较常用的子系统主要包括：入侵报警系统、视频安防监控系统、出入口控制系统、电子巡查系统、停车场管理系统等。

2. 楼宇安防系统各子系统的设计

1）入侵报警系统

系统应能根据被防护对象的使用功能及安防管理的要求，对设防区域的非法入侵、盗窃、破坏和抢劫等，进行实时有效的探测与报警。高风险防护对象的入侵报警系统应有报警复核（声音、光）功能。系统不得有漏报警，误报警率应符合工程合同书的要求。系统的设计应符合《入侵报警系统技术要求》（GA/T 368—2001）等相关标准的要求。

入侵报警系统设计应符合下列规定：

（1）应根据各类建筑物（群）、构筑物（群）安防的管理要求和环境条件，根据总体纵深防护和局部纵深防护的原则，分别或综合设置建筑物（群）和构筑物（群）周界防护系统、建筑物和构筑物内（外）区域或空间防护系统、重点实物目标防护系统。

（2）系统应能独立运行，有输出接口，可用手动、自动操作以有线或无线方式报警。系统除应能本地报警外，还应能异地报警。系统应能与视频安防监控系统、出入口控制系统等联动。集成式安防系统的入侵报警系统应能与安防系统的安全管理系统联网，实现安全管理系统对入侵报警系统的自动化管理与控制。组合式安防系统的入侵报警系统应能与安防系统的安全管理系统连接，实现安全管理系统对入侵报警系统的联动管理与控制。分散式安防系统的入侵报警系统，应能向管理部门提供决策所需的主要信息。

（3）系统的前端应按需要选择、安装各类入侵探测设备，构成点、线、面、空间或其组合的综合防护系统。

（4）应能按时间、区域、部位任意编程设防和撤防。

（5）应能对设备运行状态和信号传输线路进行检验，对故障能及时报警。

（6）应具有防破坏报警功能。

（7）应能显示和记录报警部位和有关警情数据，并能提供与其他子系统联动的控制接口信号。

（8）在重要区域和重要部位发出报警的同时，应能对报警现场进行声音复核。

2）视频安防监控系统

系统应能根据建筑物的使用功能及安防管理的要求，对必须进行视频安防监控的场所、部位、通道等进行实时、有效的视频探测、视频监视，以及图像显示、记录与回放，宜具有视频入侵报警功能。与入侵报警系统联合设置的视频安防监控系统，应有图像复核功能，宜有图像复核加声音复核功能。视频安防监控系统的设计应符合《视频安防监控系统技术要求》（GA/T 367—2001）等相关标准的要求。

视频安防监控系统设计应符合下列规定：

（1）应根据各类建筑物安防管理的需要，对建筑物内（外）的主要公共活动场所、通道、电梯及重要部位和场所等进行视频探测、图像实时监视和有效记录、回放。对高风险的防护对象，显示、记录、回放的图像质量及信息保存时间应满足管理要求。

（2）系统的画面显示应能任意编程，能自动或手动切换，画面上应有摄像机的编号、部位、地址、时间显示。

（3）系统应能独立运行。应能与入侵报警系统、出入口控制系统等联动。当与报警系统联动时，能自动对报警现场进行图像复核，能将现场图像自动切换到指定的监视器上显示并自动录像。集成式安防系统的视频安防监控系统应能与安防系统的安全管理系统联网，实现安全管理系统对视频安防监控系统的自动化管理与控制。组合式安防系统的视频安防监控系统应能与安防系统的安全管理系统连接，实现安全管理系统对视频安防监控系统的联动管理与控制。分散式安防系统的视频安防监控系统，应能向管理部门提供决策所需的主要信息。

3）出入口控制系统

系统应能根据建筑物的使用功能和安防管理的要求，对需要控制的各类出入口，按各种不同的通行对象及其准入级别，对其进、出实施实时控制与管理，并应具有报警功能。

出入口控制系统的设计应符合《出入口控制系统技术要求》（GA/T 394—2002）等相关标准的要求。人员安全疏散口，应符合国家标准《建筑设计防火规范》（GB 50016—2006）的要求。

防盗安全门系统、访客对讲系统、可视对讲系统作为一种民用出入口控制系统，其设计应符合国家标准《防盗安全门通用技术条件》（GB 17565—2007）、《楼寓对讲系统及电控防盗门通用技术条件》（GA/T 72—2005）、《黑白可视对讲系统》（GA/T 269—2001）的技术要求。

出入口控制系统设计应符合下列规定：

（1）应根据安全防范管理的需要，在楼内（外）通行门、出入口、通道、重要办公室门等处设置出入口控制装置。系统应对受控区域的位置、通行对象及通行时间等进行实时控制并设定多级程序控制。系统应有报警功能。

（2）系统的识别装置和执行机构应保证操作的有效性和可靠性。宜有防尾随措施。

（3）系统的信息处理装置应能对系统中的有关信息自动记录、打印、存储，并有防篡改和防销毁等措施。应有防止同类设备非法复制的密码系统，密码系统应能在授权的情况下修改。

（4）系统应能独立运行。应能与电子巡查系统、入侵报警系统、视频安防监控系统等联动。集成式安防系统的出入口控制系统应能与安防系统的安全管理系统联网，实现安全管理系统对出入口控制系统的自动化管理与控制。组合式安防系统的出入口控制系统应能与安防系统的安全管理系统连接，实现安全管理系统对出入口控制系统的联动管理与控制。分散式安防系统的出入口控制系统，应能向管理部门提供决策所需的主要信息。

（5）系统必须满足紧急逃生时人员疏散的相关要求。疏散出口的门均应设为向疏散方向开启。人员集中场所应采用平推外开门，配有门锁的出入口，在紧急逃生时，应不需要钥匙或其他工具，亦不需要专门的知识或费力便可从建筑物内开启。其他应急疏散门，可采用内推门加声光报警模式。

4）电子巡更系统

系统应能根据建筑物的使用功能和安防管理的要求，按照预先编制的保安人员巡更程序，通过信息识读器或其他方式对保安人员巡更的工作状态（是否准时、是否遵守顺序等）进行监督、记录，并能对意外情况及时报警。

电子巡更系统设计应符合下列规定：

（1）应编制巡更程序，应能在预先设定的巡更路线中，用信息识读器或其他方式，对人员的巡更活动状态进行监督和记录，在线式电子巡更系统应在巡更过程发生意外情况时能及时报警。

（2）系统可独立设置，也可与出入口控制系统或入侵报警系统联合设置。独立设置的电子巡更系统应能与安防系统的安全管理系统联网，满足安全管理系统对该系统管理的相关要求。

5）停车场管理系统

系统应能根据建筑物的使用功能和安防管理的需要，对停车场的车辆通行道口实施出入控制、监视、行车信号指示、停车管理及车辆防盗报警等综合管理。

停车场管理系统设计应符合下列规定：

（1）应根据安全防范管理的需要，设计或选择设计入口处车位显示、出入口及场内通道的行车指示、车辆出入识别/比对/控制、车牌和车型的自动识别、自动控制出入挡车器、自动计费与收费金额显示、多个出入口的联网与监控管理、停车场整体收费的统计与管理、分层的车辆统计与在位车显示、意外情况发生时向外报警等功能。

（2）宜在停车场的入口区设置出票机，宜在停车场的出口区设置验票机。

（3）系统可独立运行，也可与安防系统的出入口控制系统联合设置。可在停车场内设置独立的视频安防监控系统，并与停车场管理系统联动；停车场管理系统也可与安防系统的视频安防监控系统联动。

（4）独立运行的停车场管理系统应能与安防系统的安全管理系统联网，并满足安全管理系统对该系统管理的相关要求。

3. 楼宇安防系统的安全性设计

楼宇安防系统所用设备、器材的安全性指标应符合国家标准《安全防范报警设备安全要求和试验方法》（GB 16796—2009）和相关产品标准规定的安全性能要求。安全防范系统的设计应防止造成对人员的伤害，并应符合下列规定：

（1）系统所用设备及其安装部件的机械结构应有足够的强度，应能防止由于机械重心不稳、安装固定不牢、突出物和锐利边缘以及显示设备爆裂等造成对人员的伤害。系统的任何操作都不应对现场人员的安全造成危害。

（2）系统所用设备及所产生的气体、X 射线、激光辐射和电磁辐射等应符合国家相关标准的要求，不能损害人体健康。

（3）系统和设备应有防人身触电、防火、防过热的保护措施。

（4）监控中心（控制室）的面积、温度、湿度、采光及环保要求、自身防护能力、设备配置、设备安装、控制操作设计、人机界面设计等均应符合人机工程学原理。

楼宇安防系统的设计应保证系统的信息安全性，并应符合下列规定：

（1）系统的供电应安全、可靠。应设置备用电源，以防止由于突然断电而产生的信息丢失。

（2）系统应设置操作密码，并区分控制权限，以保证系统运行数据的安全。

（3）信息传输应有防泄密措施。有线专线传输应有防信号泄漏和/或加密措施，有线公网传输和无线传输应有加密措施。

（4）应有防病毒和防网络入侵的措施。

楼宇安防系统的设计应考虑系统的防破坏能力，并应符合下列规定：

（1）入侵报警系统应具备防拆、开路、短路报警功能。

（2）系统传输线路的出入端线应隐蔽，并有保护措施。

（3）系统宜有自检功能和故障报警、欠电压报警功能。

（4）高风险防护对象的安防系统宜考虑遭受意外电磁攻击的防护措施。

4．楼宇安防系统的可靠性设计

楼宇安防系统可靠性指标的分配应符合下列规定：

（1）根据系统规模的大小和用户对系统可靠性的总要求，应将整个系统的可靠性指标进行分配，即将整个系统的可靠性要求转换为系统各组成部分（或子系统）的可靠性要求。

（2）系统所有子系统的平均无故障工作时间（MTBF）不应小于其 MTBF 分配指标。

（3）系统所使用的所有设备、器材的平均无故障工作时间（MTBF）不应小于其 MTBF 分配指标。

采用降额设计时，应根据安防系统设计要求和关键环境因素或物理因素（应力、温度、功率等）的影响，使部件、设备在低于额定值的状态下工作，以加大安全裕量，保证系统的可靠性。

采用简化设计时，应在完成规定功能的前提下，采用尽可能简化的系统结构，尽可能少的部件、设备，尽可能短的路由，来完成系统的功能，以获得系统的最佳可靠性。

采用冗余设计时，应符合下列规定：

（1）储备冗余（冷热备份）设计。系统应采用储备冗余设计，特别是系统的关键组件或关键设备，必须设置热（冷）备份，以保证在系统局部受损的情况下能正常运行或快速维修。

（2）主动冗余设计。系统应尽可能采用总体并联式结构或串并联混合式结构，以保证系统的某个局部发生故障（或失效）时，不影响系统其他部分的正常工作。

维修性设计和维修保障，应符合下列规定：

（1）系统的前端设备应采用标准化、规格化、通用化设备以便于维修和更换。

（2）系统主机结构应模块化。

（3）系统线路接头应插件化，线端必须作永久性标记。

（4）设备安装或放置的位置应留有足够的维修空间。

（5）传输线路应设置维修测试点。

（6）关键线路或隐蔽线路应留有备份线。

（7）系统所用设备、部件、材料等，应有足够的备件和维修保障能力。

（8）系统软件应有备份和维护保障能力。

5．楼宇安防系统供电设计

楼宇安防系统供电设计宜采用两路独立电源供电，并在末端自动切换。系统设备应进行分类，统筹考虑系统供电。应根据设备分类，配置相应的电源设备。系统监控中心和系统重要设备应配备相应的备用电源装置。系统前端设备视工程实际情况，可由监控中心集中供电，也可本地供电。

主电源和备用电源应有足够容量。应根据入侵报警系统、视频安防监控系统、出入口控制系统等的不同供电消耗，按总系统额定功率的 1.5 倍设置主电源容量；应根据管理工作对主电源断电后系统防范功能的要求，选择配置持续工作时间符合管理要求的备用电源。

电源质量应满足下列要求：

（1）稳态电压偏移不大于±2%。

（2）稳态频率偏移不大于±0.2 Hz。

（3）电压波形畸变率不大于 5%。

（4）允许断电持续时间为 0～4 ms。

（5）当不能满足上述要求时，应采用稳频稳压、不间断电源供电或备用发电等措施。

安防系统的监控中心应设置专用配电箱，配电箱的配出回路应留有裕量。

6. 楼宇安防系统的集成设计

楼宇安防系统的集成设计包括子系统的集成设计、总系统的集成设计，必要时还应考虑总系统与上一级管理系统的集成设计。

入侵报警系统、视频安防监控系统、出入口控制系统等独立子系统的集成设计是指它们各自主系统对其分系统的集成。例如，大型多级报警网络系统的设计，应考虑一级网络对二级网络的集成与管理，二级网络应考虑对三级网络的集成与管理等，大型视频安防监控系统的设计应考虑监控中心（主控）对各分中心（分控）的集成与管理等。

各子系统间的联动或组合设计，应符合下列规定：

（1）根据安全管理的要求，出入口控制系统必须考虑与消防报警系统的联动，保证火灾情况下的紧急逃生。

（2）根据实际需要，电子巡更系统可与出入口控制系统或入侵报警系统进行联动或组合，出入口控制系统可与入侵报警系统或/和视频安防监控系统联动或组合，入侵报警系统可与视频安防监控系统或/和出入口控制系统联动或组合等。

系统的总集成设计应符合下列规定：

（1）一个完整的安防系统，通常都是一个集成系统。

（2）安防系统的集成设计，主要是指其安全管理系统的设计。

（3）安全管理系统的设计可有多种模式，可以采用某一子系统为主（如视频安防监控系统）进行系统总集成设计，也可采用其他模式进行系统总集成设计。不论采用何种模式，其安全管理系统的设计应满足下列要求：

① 具有相应的信息处理能力和控制/管理能力，相应容量的数据库。

② 通信协议和接口应符合国家现行有关标准规定。

③ 系统应具有可靠性、容错性和维修性。

④ 系统应能与上一级管理系统进行更高一级的集成。

7. 楼宇安防工程施工工艺

1）管内穿线和导线连接

（1）导线选择。电气安装工程中使用的导线是厂家生产的线径、绝缘层符合国家要求的产品，并应有名副其实的产品合格证。

应根据设计图样线管敷设场所和管内径截面积，选择所穿导线的型号、规格。管内导线的总截面积不应超过管子截面积的 40%。

穿管敷设的弱电线缆及信号线，其质量均应符合工业和信息化部颁发的相关标准及招标文件、合同规定的技术标准，依据设计规定布防。

（2）放线。放线前根据施工图，对导线的规格、型号进行核对，发现线径不标准、绝缘层质量不好的导线应及时退换。放线时，为使导线不扭结，不出背扣，使用放线架，无放线架时，把线盘平放在地上，把内圈线头抽出，并把导线放得长一些。切不可从外圈抽线头放线。

（3）引线与导线接扎。当导线数量为 2 或 3 根时，将导线端头插入引线钢丝端部圈内折回。

（4）穿线。导线穿入钢管前，钢管管口处采用丝扣连接时，应有护圈帽。当采用焊接固定时，亦可使用塑料内护口，以防穿线时损坏导线绝缘层。

穿入管内的导线不应有接头，线缆的绝缘层不应损坏，电缆也不得扭曲。当管路较短而弯头较少时，可直接穿入管内。

两人穿线时，一人在一端拉钢丝引线，另一人在一端把所有的线缆紧捏成一束送入管内，两人动作应协调，并注意不使导线与管口处摩擦损坏绝缘层。

当导线穿至中途需要增加根数时，可把导线端头剥去绝缘层或直接缠绕在其他电线上，继续向管内拉。

2）金属线槽配线

（1）施工程序：预留空洞—支架、吊架安装—线槽安装—线槽配线—绝缘测试。

金属线槽配线一般使用于正常环境的室内场所明敷，有严重腐蚀的场所不应采用金属线槽。

（2）金属线槽的穿墙。金属线槽在通过墙体或楼板处时，应在土建工程主体施工中，配合土建预留孔洞，金属线槽不得在穿过墙壁或楼板处进行连接，也不应将穿过墙壁或楼板的线槽与墙或楼板上的孔洞一连抹死，金属线槽在穿过建筑物变形缝处应有补偿装置，金属线槽本身应断开，金属线槽用内连接板搭接，无需固定死。

（3）金属线槽的接地。金属线槽的所有非导电部分的铁件均应相互连接，使金属线槽本身具有良好的电气连续性，金属线槽在变形缝补偿装置处应用导线搭接，使之成为一连续导体。金属线槽应做好整体接地。

（4）金属线槽内导线敷设。金属线槽组成统一整体并经清扫后，才允许将导线装入金属线槽内。清扫金属线槽时，可用抹布擦净金属线槽内残存的杂物，使金属线槽内外保持清洁。放线前应先检查导线的选择是否符合设计要求，导线分色是否正确，放线时应边放边整理，不应出现挤压背扣、打结、损伤绝缘层等现象。并应将导线按回路绑扎成捆，绑扎时应采用尼龙绑扎带或线绳，不允许使用金属导线或绑线进行绑扎。导线绑扎好后，应分层排放在金属线槽内并做好永久性编号标志。

强电、弱电线路应分槽敷设，电线或电缆的总截面积不应超过金属线槽内的 50%，电线或电缆根数不限。

3）施工工艺

具体施工工艺要求如下：

（1）布管穿线：

① 按照线路的线径、数量选择合适的桥架、线槽、线管，按照设计的路由固定到墙面、吊顶等位置。

② 穿线的线、根数、连接并网，必须根据设备的要求配制，不得错配和漏配。

③ 超五类线缆必须头尾完整，中途不得有接头。

④ 以上每个环节做完后均应做好记录并由监理检查验收、合格签字。

（2）设备安装。线路敷设完成后开始安装，安装前必须对线路重新测试，无误后方可安装，根据产品说明书和系统规范进行安装。

（3）调试开通阶段。在所有设备到货安装后与设备厂家一起尽快调试开通，满足安防系统布线及安装的相关技术要求。

（4）竣工验收及维护保修阶段。验收前整理好竣工图、竣工资料、申报表，对所有弱电设备进行反复操作，实验无误且试运行半月，确保一次验收通过。在整个施工过程中注意与每个相关单位相互协调配合好，严格把好质量关，确保工程达到预期标准，一次验收通过。

4）室外布线

（1）室外布线工艺：

① 一次布放长度不要太长（一般2 km）。布线时应从中间开始向两边牵引。

② 布缆牵引力一般不大于1 000 N，而且应牵引信号线的加强心部分，并做好信号线头部的防水加强处理。

③ 信号线引入和引出需加顺引装置，不可直接拖地。

④ 管道信号线也要注意可靠接地。

（2）直埋信号线的敷设：

① 直埋信号线沟深度要按标准进行挖掘。

② 不能挖沟的地方可以架空或钻孔预埋管道敷设。

③ 沟底应保证平缓坚固，需要时可预填一部分沙子、水泥或支撑物。

④ 敷设时可用人工或机械牵引，但要注意导向和润滑。

⑤ 敷设完成后，应尽快回土覆盖并夯实。

（3）建筑物内信号线的敷设：

① 垂直敷设时，应特别注意信号线的承重问题，一般每两层要将信号线固定一次。

② 信号线穿墙或穿楼层时，要加带护口的保护作用的塑料管，并且要用阻燃的填充物将管子填满。

（4）信号线的选用。信号线的选用除了根据信号线种类以外，还要根据信号线的使用环境来选择信号线的外护套。

（5）外用信号线敷设。外用信号线直埋时，宜选用铠装信号线。架空时，可选用带两根或多根加强筋的黑色塑料外护套的信号线。

（6）内用信号线选型。建筑物内用信号线在选型时应注意其阻燃、无毒和无烟的特性。一般在管道中或强制通风处可选用阻燃但有烟的类型（Plenum），暴露的环境中应选用阻燃、无毒和无烟的类型（Riser）。

5）主要施工机具

无线对讲机、万用表、测试仪、冲击钻、手电钻、工具箱（含全套工具）、铁锤、錾子、合梯等。施工机具随施工人员同时进场。

思考与练习

1. 采用什么方法可以较好地避免在布线过程中发生导线打结的情况？

2. 6S 素养具体指哪 6 个方面的要求？讨论遵守 6S 规范对工程实施有哪些具体实际的益处？

3. 在接线过程中采取什么措施可以有效避免线头分叉？

4. 观察实训工位架，可以使用哪些方法对线束进行管理，从而保证布线的整洁美观？

通过对工程案例的实践训练，掌握出入口管理系统的设计、安装、接线、调试与运行的方法，提升 6S 素养。

任务1　设计与施工对讲门禁系统住户模块

任务目标

（1）掌握门禁系统住户模块的构成、主要设备特性。

（2）掌握门禁系统住户模块的安装、接线方法。

（3）掌握门禁系统住户模块的调试、运行方法。

任务描述

本次任务的主要内容是练习设计、安装与调试楼宇对讲门禁系统住户模块，重点是掌握室内分机的安装接线及布防、撤防、密码修改、铃声设置等的操作方法。

任务分析

1. 任务概况

采用门前铃、各类探测器、室内分机、电控锁、声光警号等设备，安装一个对讲门禁系统住户模块，可实现室内分机与门前铃视频对讲、开锁，并实现室内分机的铃声设置、布防、撤防、报警等功能。

2. 设备清单

本次任务设备清单如表 2-1 所示。

表 2-1　设　备　清　单

序　号	设 备 名 称	单　位	数　量
1	室内分机	台	1
2	门前铃	个	1
3	电控锁	套	1
4	门磁	对	1
5	红外幕帘探测器	个	1
6	烟感探测器	个	1

续表

序　号	设备名称	单　位	数　量
7	燃气探测器	个	1
8	声光警号	个	1

3. 系统框图

小区对讲门禁系统住户模块的框图如图 2-1 所示。

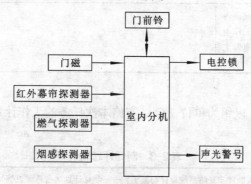

图 2-1　对讲门禁系统住户模块框图

任务实施

1. 信息查询

根据"信息查询表"，以小组为单位，查询并归纳总结本次任务的核心知识点。"信息查询表"见表 2-2。

表 2-2　信息查询表

《智能楼宇安防系统设计与施工》——信息查询（占总评 20%）				
任务编号：学习情境 2　任务 1		任务名称：设计与施工对讲门禁系统住户模块		得分：
班级：	组号：	小组成员：		
序号	核心知识点	查询结果	分值	得分
1	请对"常开""常闭"触点的概念进行区分，并描述其各自的接线方法		4	
2	请对"有源""无源"探测器的概念进行区分，并描述其在本次任务中应注意的事项		4	
3	烟感探测器按照工作原理可分为哪些种类？分别适用于哪些场合		3	
4	红外探测器按照工作原理可分为哪些种类？分别适用于哪些场合		3	

续表

《智能楼宇安防系统设计与施工》——信息查询（占总评20%）				
任务编号：学习情境2 任务1	任务名称：设计与施工对讲门禁系统住户模块		得分：	
班级： 组号：	小组成员：			
序号	核心知识点	查询结果	分值	得分
5	请对"进入时间""退出时间"的概念进行区分，并讨论其作用		3	
6	实训工位架上彩色可视室内分机工作电压为多少？工作电流为多少？红外幕帘探测器工作电流多大？		3	

2．制订计划

根据"制订计划表"，以组为单位，制订实施本次任务的工作计划表。"制订计划表"见表2-3。

表2-3 制订计划表

《智能楼宇安防系统设计与施工》——制订计划（占总评20%）				
任务编号：学习情境2 任务1	任务名称：设计与施工对讲门禁系统住户模块		得分：	
班级： 组号：	小组成员：			
序号	计划内容	具体实施计划	分值	得分
1	人员分工		1	
2	耗材预估		2	
3	工具准备		1	
4	时间安排		1	
5	绘制详细接线端子图		6	
6	设备安装布局		2	
7	接线布线工艺		2	
8	调试步骤		3	
9	注意事项		2	

3．任务施工

（1）根据"制订计划表"，参照接线图，安装、接线对讲门禁系统住户模块。接线图见图2-2。

（2）按照以下调试步骤，调试运行对讲门禁系统住户模块。

① 住户与访客视频、对讲。

② 住户开锁。

③ 进入免扰状态，测试免扰效果。

④ 修改室内分机的铃音种类，测试铃音种类。

⑤ 修改室内分机的铃音音量，测试音量。

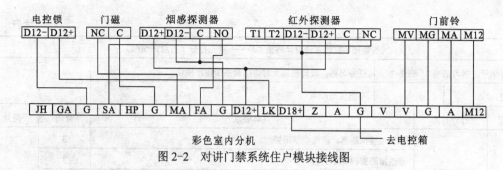

图 2-2　对讲门禁系统住户模块接线图

⑥ 触发烟感探测器，消除烟感报警。

⑦ 修改室内分机撤防密码。

⑧ 布防状态下触发门磁。

⑨ 布防状态下触发红外幕帘探测器。

⑩ 使用新撤防密码撤防。

（3）注意事项如下：

① 注意人身安全。

② 注意用电安全。

③ 注意爱护设备。

④ 注意节约耗材。

⑤ 注意保持卫生。

（4）施工打分。根据"施工打分表"对每个小组的任务施工情况进行打分。"施工打分表"见表 2-4。

表 2-4　施工打分表

《智能楼宇安防系统设计与施工》——施工打分（占总评 50%）				
任务编号：学习情境 2　任务 1		任务名称：设计与施工对讲门禁系统住户模块		得分：
班级：	组号：	小组成员：		
序号	打分方面	具体要求	分值	得分
1	工艺要求 （12 分）	设备安装牢固无松动	2	
		设备安装整齐无歪斜	2	
		位置布放合理	2	
		布线平、直，无斜拉和翘起	2	
		合理使用线槽	2	
		线端镀锡，线头无分岔	2	
2	功能要求 （30 分）	住户与访客对讲	3	
		住户开锁	3	
		进入免扰状态并进行测试	3	
		修改室内分机的铃音种类	3	
		修改室内分机的铃音音量	3	

续表

《智能楼宇安防系统设计与施工》——施工打分（占总评50%）				
任务编号：学习情境2 任务1		任务名称：设计与施工对讲门禁系统住户模块		得分：
班级：	组号：	小组成员：		
序号	打分方面	具体要求	分值	得分
2	功能要求 （30分）	触发烟感探测器，消除烟感报警	3	
		修改撤防密码为111111	3	
		布防状态下触发门磁	3	
		布防状态下触发红外幕帘探测器	3	
		撤防	3	
3	职业素养 （8分）	工位整洁，工具摆放有序	2	
		节约耗材，爱护设备	2	
		注意人身安全，用电符合规范，穿劳保服装	2	
		组员团结协作，遵守劳动纪律	2	

4. 汇报总结

每个小组根据本组任务完成情况进行 PPT 汇报总结，各个小组点评员根据"PPT 汇报表"对汇报小组的 PPT 内容、制作及汇报演讲情况进行评价、打分。"PPT 汇报表"见表2-5。

表2-5 PPT 汇报表

《智能楼宇安防系统设计与施工》——PPT 汇报（占总评10%）									
任务编号：学习情境2 任务1		任务名称：设计与施工对讲门禁系统住户模块						得分：	
班级：	组号：	小组成员：							
序号	打分方面	具体要求	分值	第1小组打分	第2小组打分	第3小组打分	第4小组打分	第5小组打分	第6小组打分
1	专业能力 （2分）	汇报人是否熟悉相关专业知识	1						
		汇报人是否对相关专业知识有独到见解	1						
2	方法能力 （3分）	PPT 制作技术是否熟练	1						
		PPT 所用信息是否丰富、有用	1						
		PPT 内图样是否用专业工具正确绘制	1						
3	社会能力 （5分）	汇报人语言表达能力如何	1						
		汇报人是否声音洪亮、清晰	1						
		汇报人是否镇定自若、不紧张	1						
		汇报人是否与观众有互动	1						
		汇报是否有创新精神	1						
		各小组打分合计							
		该小组平均得分							

任务总评

根据"信息查询表""制订计划表""施工打分表"和"PPT 汇报表"的打分情况，综合评定小组本次任务的总评成绩，记录于"任务总评表"中。"任务总评表"见表2-6。

表2-6　任务总评表

《智能楼宇安防系统设计与施工》——任务总评（总分100分）				
任务编号：学习情境2　任务1		任务名称：设计与施工对讲门禁系统住户模块		得分：
班级：	组号：	小组成员：		
序号	评价项目	主要考察方面	分值	得分
1	信息查询表	（1）核心知识点掌握程度； （2）信息检索能力； （3）文字组织能力	20	
2	制订计划表	（1）设计能力； （2）绘图能力； （3）计划制订能力	20	
3	施工打分表	（1）安装、接线、调试、排故技能； （2）团队协作能力； （3）职业素养	50	
4	PPT 汇报表	（1）创新能力； （2）语言表达及交流能力； （3）PPT 制作技能	10	

相关知识

1．住户模块的主要设备介绍

1）室内分机

室内分机用于与来访者通话、监视及呼叫管理中心等，按键可遥控开启单元门。室内分机是集对讲、监视、锁控、呼救、报警等功能于一体的新一代可视对讲产品。室内分机是安装于住户室内的对讲设备，住户可通过室内分机接听小区门口机、室外主机或门前铃的呼叫，并为来访者打开单元门或用户门的电锁，与访客进行通话以及监视来访者。另外，住户遇到紧急事件或需要帮助时，可通过室内分机呼叫管理中心，与管理中心机通话。室内分机按功能可分为彩色室内分机、黑白室内分机、非可视室内分机等。如图 2-3 所示为各类室内分机的产品外观图，最左边为彩色可视室内分机，中间为黑白可视室内分机，右边为非可视室内分机。

以 GST-DJ6805 系列可视室内分机为例，它具备启动免扰、设置铃声、布防、撤防、密码更改、监视、呼叫管理中心机、开锁等功能，住户可通过室内分机接听小区门口机（联网时）、室外主机、门前铃的呼叫，并为来访者打开单元门的电锁或住户门的电锁（室内分机支持门前铃功能时），还可看到来访者的图像，与其进行可视通话；可实现户户对讲，同户内室内分机可进行对讲；支持小区信息发布（与相应的联网设备配套使用）。另外，住户遇到紧急事件或需要帮助时，可通过室内分机呼叫管理中心，与管理中心通话。

图 2-3　各类室内分机的产品外观图

室内分机与对讲门禁相关设备及报警探测器相关设备的连接如图 2-4 所示。

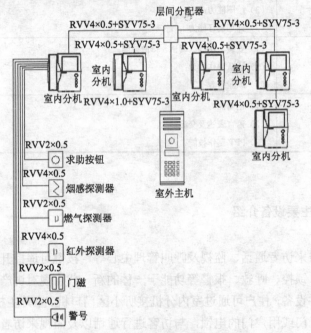

图 2-4　室内分机的连接

GST-DJ6805 系列可视室内分机的接线端子如图 2-5 所示，其中，MV、G、MA、M12 为门前铃端口，主要负责与住户门前铃进行视频通话；V、G、A、Z、D、LK 为主干端口，主要负责与对讲门禁系统其他设备进行音视频及控制信号的传输；12V、G、HP、SA、WA、DA、GA、FA、DAI、SAI 为室内安防报警端口，主要负责住户室内安防系统的构建；JH、G 为警铃端口，连接住户室内声光警号设备。

2）门前铃

门前铃安装在住户门前，用来呼叫室内分机，进行双向通话，从而为来客开门。门前铃内设有摄像头和拾音器，住户可通过室内分机来辨认来访者。图 2-6 为门前铃产品外观图。

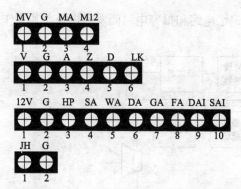

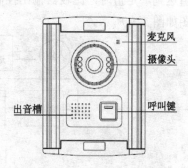

图 2-5　GST-DJ6805 系列可视室内分机和接线端子图　　图 2-6　门前铃产品外观图

3）门磁

门磁的主要用途是监测门的开关状态，输出报警开关信号。在住户门、窗处设置门磁开关，一旦被非法侵入，门磁开关便发出报警信号，通告保安部门。

门磁通过磁铁控制干簧管的通断来输出开关信号，以达到报警的目的。在室内分机布防情况下，当两者靠拢在一起时磁控管呈闭合状态，此时再将两者分开，开关量就会断开，断开信号就会向室内分机发出报警信号。

门磁开关分为两部分，分别安装在门和门框上，磁控管和磁铁的距离不能大于 1.5 cm，以便磁铁能很好地控制干簧管的通断而报警。图 2-7 为门磁的外观及工作原理图。

图 2-7　门磁的外观及工作原理图

4）红外幕帘探测器

为防止陌生人员非法进入，在住室的适当位置，设置红外线探头等探测设施，一旦有非法人员进入，通过报警控制器予以报警，告知家人和保安人员。高性能红外幕帘探测器在室内分机布防情况下，可以在人体经过传感器下方时，感应到其发出的红外能量，从而探测到建筑物内部的人员移动情况。如果探测到移动，探测器将向室内分机发送警报信号。

红外幕帘探测器有一定的探测范围。传感器应安装在入侵者最有可能经过其探测区域的位置，如窗户上端、门上端等，安装位置距离地面 2.25～2.7 m。红外探测器为常闭量探测器，其 TAMPER 接口为防拆开关输入端。图 2-8 为红外幕帘探测器的产品外观图。

图 2-8　红外幕帘探测器的产品外观图

红外幕帘探测器是被动式红外线报警装置，它采用热释红外线传感器作探测器，对人体辐射的红外线非常敏感，配上一个菲涅耳透镜作为探头，探测中心波长为 9～10μm 的人体发射的红外线信号，经放大和滤波后由电平比较器把它与基准电平进行比较。当输出的电信号幅值达到一定值时，比较器输出控制电压驱动记忆电路和报警电路而发出报警。其工作原理框图如图 2-9 所示。

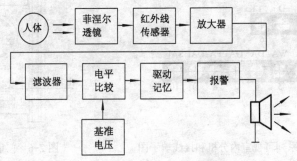

图 2-9　红外幕帘探测器工作原理框图

5）烟感探测器

家庭火灾是常见事故之一，为避免和减少火灾事故，保护住户安全，需设置火灾自动报警系统。烟感探测器安装在起居室或卧室内，监测房间的火灾隐患，及时向家人和物业管理中心发出报警信号。

烟感探测器根据感应烟雾颗粒的原理来工作，当烟雾达到一定的浓度后探测器报警。烟感探测器具有防尘、防虫、抗外界光线干扰等功能，对阴燃或明燃产生的可见烟雾，有较好的反应，适用于住宅、商场、宾馆及仓库等室内环境的烟雾监测。

图 2-10 为烟感探测器产品外观图。

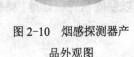

图 2-10　烟感探测器产品外观图

2. 室内分机的操作运行

室内分机集对讲、监视、锁控、呼救、报警等功能于一体。

1）启动免扰功能

待机状态，按住"免扰"键直到按键音消失，松开按键，免扰指示灯亮，进入免扰状态，此时呼叫时不再响铃，再按"免扰"键，退出免扰状态。

2）铃声设置

待机状态，长按"免扰"键直到按键音消失，松开按键，免扰指示灯亮，再按住"通话"键直到按键音消失，松开按键，可听到音乐声，代表已进入铃声设置状态。再按"监视"键调节铃声音量，可以对 4 类不同的呼叫类型设置个性铃声。按"开锁"键可选择不同的呼叫类型。

燃气指示灯亮，表示处于室外主机呼叫铃声设置状态。按"保安"键切换铃声，按"通话"键确认，再按"免扰"键退出免扰状态。

防盗指示灯亮，表示处于小区门口机呼叫铃声设置状态。按"保安"键切换铃声，按"通话"键确认，再按"免扰"键退出免扰状态。

感烟指示灯亮，表示处于管理中心机呼叫铃声设置状态。按"保安"键切换铃声，按"通话"键确认，再按"免扰"键退出免扰状态。

门磁指示灯亮，表示处于门前铃呼叫铃声设置状态。按"保安"键切换铃声，按"通话"

键确认，再按"免扰"键退出免扰状态。

3）布防

撤防状态下，按布防键进行布防。

布防灯闪烁，指示已开始进入布防状态，但还没进入。因为在进入布防时有 60 s 的延时，这 60 s 是主人撤离布防现场的时间。

当布防指示灯常亮，表示室内分机处于布防状态，此时室内分机可响应红外报警和门磁报警。

4）撤防

在布防或预报警状态，按"布防"键，再输入撤防密码（原密码是"123456"），再按" # "键，即可撤防，撤防时布防指示灯灭。

5）撤防密码更改

待机状态时，按小键盘"设置"键，进入密码设置。接着输入原 6 位密码按"#"键确认，可听到正确提示音，再输入 6 位新密码按"#"键确认，又听到正确提示音，表明密码设置成功。输入密码错误则退出密码更改状态。

注：每次重新设置室内分机地址后，撤防密码会自动恢复为默认密码"123456"。

6）报警

以彩色可视室内分机为例，共有 5 个报警接口：2 个受布防控制的常闭接口（红外、门磁），3 个 24 h 布防状态（不能撤防）的常开接口（燃气、烟感、求助）。

（1）燃气、烟感和求助报警口：当室内分机检测到报警信号时，室内分机向管理中心机报告相应的警情，并显示报警地址。同时本机发出报警指示（求助没有指示），按"通话"键消除报警指示。

（2）红外和门磁：当室内分机在布防状态下检测到报警信号时，室内分机会发出较慢的"嘟嘟"预警信号声音，若 60 s 内不撤防，则 60 s 后将发出较快的嘟嘟声，并向管理中心机报警，此时管理中心机显示报警地址。若无人处理报警，则 3min 后消音，但报警灯仍亮。

7）监视

可视室内分机处于挂机状态时，按"监视"键显示门前铃或本单元室外主机的图像。同时兼有门前铃和室外主机时，15 s 内按"监视"键循环监视。监视过程中按"通话"键结束监视。

注：每次设置室内分机地址后，必须用门前铃或室外主机呼叫一次室内分机，室内分机才可监视门前铃声或室外主机。

8）呼叫管理中心

按住"保安"键直到按键音消失（约 3 s），松开按键，室内分机发出呼叫等待音，如果线路忙则发出忙音。此时管理中心机应响铃并显示室内分机的号码，管理中心机摘机与室内分机通话，通话完毕，按"通话"键挂机。若通话时间超过 45 s，管理中心机或室内分机自动挂机。

思考与练习

1. 烟感探测器需要在布防情况下才能工作吗？
2. 什么是进入时间，什么是退出时间？
3. 如果有源探测器数量过多，应采用什么办法保证系统正常工作？

任务2 设计与施工对讲门禁系统大楼模块

任务目标

（1）掌握对讲门禁系统大楼模块的构成、主要设备特性。
（2）掌握对讲门禁系统大楼模块的安装、接线方法。
（3）掌握对讲门禁系统大楼模块的调试、运行方法。

任务描述

本次任务的主要内容是练习设计、安装与调试楼宇对讲门禁系统大楼模块，重点是掌握室外主机、联网器等设备的安装接线方法，并掌握室外主机的调试运行方法。

任务分析

1. 任务概况

安装一套对讲门禁系统大楼模块，要求配备室外主机、联网器、层间分配器、电磁锁、电磁锁控制器、开门按钮、室内分机等设备，可实现室外主机开单元门、室外主机呼叫住户、室外主机设置联网器地址/室外主机地址/室内分机地址、密码开门等功能。

2. 设备清单

本次任务所需设备清单见表2-7。

表2-7 设备清单

序　号	设备名称	单　位	数　量
1	室外主机	台	1
2	联网器	个	1
3	层间分配器	个	1
4	电磁锁	个	1
5	电磁锁控制器	个	1
6	开门按钮	个	1
7	彩色室内分机	台	1
8	黑白室内分机	台	1
9	非可视室内分机	台	1

3. 系统框图

小区对讲门禁系统大楼模块的系统框图如图 2-11 所示。

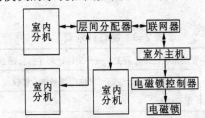

图 2-11　小区对讲门禁系统大楼模块的系统框图

任务实施

1. 信息查询

根据"信息查询表",以小组为单位,查询并归纳总结本次任务的核心知识点。"信息查询表"见表 2-8。

表2-8　信息查询表

《智能楼宇安防系统设计与施工》——信息查询(占总评20%)				
任务编号:学习情境2 任务2	任务名称:设计与施工对讲门禁系统大楼模块		得分:	
班级:　　　　组号:	小组成员:			
序号	核心知识点	查 询 结 果	分值	得分
1	联网器的作用是什么?它的"电源端子"、"室内端子"、"室外端子"、"外网端子"分别与哪些设备连接		4	
2	层间分配器的作用是什么?如果一层住户数量超过了层间分配器住户端口数,应如何解决		3	
3	室外主机通常具备哪些基本的功能?设置室内分机地址有哪两种方法		4	
4	电磁锁与电控锁的工作原理有什么区别?通常分别适用于什么场合		3	
5	室外主机与电磁锁、电控锁的接线端子分别是什么?如何检测端子是否处于正常状态		3	
6	一个单元最多可以有几台联网器?一个单元最多可以有几台室外主机?室外主机地址设置有什么要求		3	

2．制订计划

根据"制订计划表"，以组为单位，制订实施本次任务的工作计划表。"制订计划表"见表 2-9。

表 2-9　制订计划表

《智能楼宇安防系统设计与施工》——制订计划（占总评 20%）				
任务编号：学习情境 2 任务 2	任务名称：设计与施工对讲门禁系统大楼模块		得分：	
班级：　　　　组号：	小组成员：			
序号	计划内容	具体实施计划	分值	得分
1	人员分工		1	
2	耗材预估		2	
3	工具准备		1	
4	时间安排		1	
5	绘制详细接线端子图		6	
6	设备安装布局		2	
7	接线、布线工艺		2	
8	调试步骤		3	
9	注意事项		2	

3．任务施工

（1）根据"制订计划表"，参照接线图，安装、接线对讲门禁系统大楼模块。接线见图 2-12。

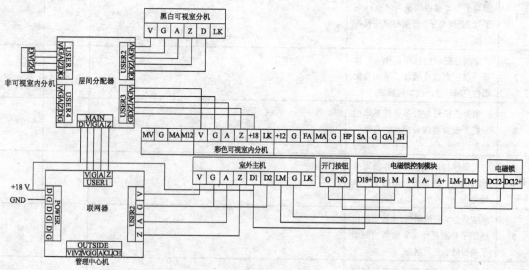

图 2-12　大楼模块接线图

（2）按照以下调试步骤，调试运行对讲门禁系统大楼模块。

① 设置本大楼的联网器地址为 001#01。

② 设置本室外主机地址为 1。

③ 设置彩色可视室内分机地址为 1201。

④ 设置黑白可视室内分机地址为 1202。

⑤ 设置非可视室内分机地址为 1203。

⑥ 设置彩色可视室内分机住户的开门密码为 1111，并测试开门。

⑦ 设置黑白可视室内分机住户的开门密码为 2222，并测试开门。

⑧ 设置非可视室内分机住户的开门密码为 3333，并测试开门。

⑨ 修改公共密码为 666666，并测试开门。

⑩ 通过室外主机设置锁控时间为 10 s，分别通过开门按钮和密码两种方式开门。

（3）注意事项如下：

① 注意人身安全。

② 注意用电安全。

③ 注意爱护设备。

④ 注意节约耗材。

⑤ 注意保持卫生。

（4）施工打分。根据"施工打分表"对每个小组的任务施工情况进行打分。"施工打分表"见表 2-10。

表 2-10　施工打分表

《智能楼宇安防系统设计与施工》——施工打分（占总评 50%）				
任务编号：学习情境 2 任务 2	任务名称：设计与施工对讲门禁系统大楼模块		得分：	
班级：　　　　组号：　　　　小组成员：				
序号	打分方面	具 体 要 求	分值	得分
1	工艺要求 （12 分）	设备安装牢固无松动	2	
		设备安装整齐无歪斜	2	
		位置布放合理	2	
		布线平、直，无斜拉和翘起	2	
		合理使用线槽	2	
		线端镀锡，线头无分岔	2	
2	功能要求 （30 分）	设置本大楼的联网器地址为 001#01	3	
		设置本室外主机地址为 1	3	
		设置彩色可视室内分机地址为 1201	3	
		设置黑白可视室内分机地址为 1202	3	
		设置非可视室内分机地址为 1203	3	
		设置彩色可视室内分机住户的开门密码为 1111	3	
		设置黑白可视室内分机住户的开门密码为 2222	3	
		设置非可视室内分机住户的开门密码为 3333	3	
		修改公共密码为 666666	3	
		通过室外主机设置锁控时间为 10 s	3	

续表

《智能楼宇安防系统设计与施工》——施工打分（占总评50%）				
任务编号：学习情境2任务2		任务名称：设计与施工对讲门禁系统大楼模块	得分：	
班级：	组号：	小组成员：		
序号	打分方面	具体要求	分值	得分
3	职业素养 （8分）	工位整洁，工具摆放有序	2	
		节约耗材，爱护设备	2	
		注意人身安全，用电符合规范，穿劳保服装	2	
		组员团结协作，遵守劳动纪律	2	

4. 汇报总结

每个小组根据本组任务完成情况进行 PPT 汇报总结，各个小组点评员根据"PPT 汇报表"对汇报小组的 PPT 内容、制作及汇报演讲情况进行评价、打分。"PPT 汇报表"见表 2-11。

表 2-11 PPT 汇报表

《智能楼宇安防系统设计与施工》——PPT 汇报（占总评10%）									
任务编号：学习情境2任务2			任务名称：设计与施工对讲门禁系统大楼模块		得分：				
班级：		组号：	小组成员：						
序号	打分方面	具体要求	分值	第1小组打分	第2小组打分	第3小组打分	第4小组打分	第5小组打分	第6小组打分
1	专业能力 （2分）	汇报人是否熟悉相关专业知识	1						
		汇报人是否对相关专业知识有独到见解	1						
2	方法能力 （3分）	PPT 制作技术是否熟练	1						
		PPT 所用信息是否丰富、有用	1						
		PPT 内图样是否用专业工具正确绘制	1						
3	社会能力 （5分）	汇报人语言表达能力如何	1						
		汇报人是否声音洪亮、清晰	1						
		汇报人是否镇定自若、不紧张	1						
		汇报人是否与观众有互动	1						
		汇报是否有创新精神	1						
		各小组打分合计							
		该小组平均得分							

任务总评

根据"信息查询表""制订计划表""施工打分表"和"PPT 汇报表"的打分情况，综合评定小组本次任务的总评成绩，记录于"任务总评表"中。"任务总评表"见表 2-12。

表2-12　任务总评表

《智能楼宇安防系统设计与施工》——任务总评（总分100分）				
任务编号：学习情境2任务2		任务名称：设计与施工对讲门禁系统大楼模块		得分：
班级：	组号：	小组成员：		
序号	评价项目	主要考察方面	分值	得分
1	信息查询表	（1）核心知识点掌握程度； （2）信息检索能力； （3）文字组织能力	20	
2	制订计划表	（1）设计能力； （2）绘图能力； （3）计划制订能力	20	
3	施工打分表	（1）安装、接线、调试、排故技能； （2）团队协作能力； （3）职业素养	50	
4	PPT汇报表	（1）创新能力； （2）语言表达及交流能力； （3）PPT制作技能	10	

相关知识

1. 对讲门禁系统大楼模块的基本构成

基本的楼宇对讲门禁系统大楼模块主要由室外主机、联网器、层间分配器、电磁锁、电磁锁控制器、开门按钮等部分组成，其结构框图如图2-13所示。

2. 对讲门禁系统大楼模块的主要设备介绍

1）层间分配器

层间分配器用在楼的每一层，起到系统解码、系统隔离等作用，保证系统正常工作。

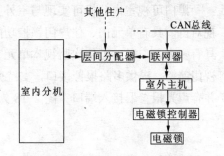

图2-13　大楼模块结构框图

每个层间分配器可接2或3个住户。层间分配器在每一层的弱电竖井内挂墙安装，安装高度以距地1.4～1.5 m为宜。当一层楼有多个住户时，采用层间分配器，提供一个主干输入接口和多个室内分机接口，保障单元内多个室内分机能够同时工作，互不影响。

一台层间分配器能连接多个住户，即一个主干端子和多个分支。图2-14为层间分配器产品外观图。

2）联网器

联网器安装在每栋大楼中，将室外主机、室内分机、管理中心机等设备进行连接，内置CAN总线中继器，实现单元内音视频信号、控制信号和外网的音视频信号、控制信号的通信转换。

图2-15为联网器产品外观图。

3）电磁锁及其控制器

一般情况下，电磁锁控制器一直为电磁锁提供直流电，使得电磁锁吸合。当室外主机或开门按钮提供一个开门的脉冲命令时，电磁锁控制器停止对电磁锁的供电，电磁锁吸力为 0，门锁打开。经一定延时后，电磁锁控制器重新持续为电磁锁供电。因为电磁锁没有复杂的机械结构以及锁舌的构造，适用于逃生门或是消防门的通路控制。

图 2-16 为电磁锁产品外观图。

图 2-14　层间分配器产品外观图　　　图 2-15　联网器产品外观图　　　图 2-16　电磁锁的外观

4）室外主机

室外主机安装在大楼单元门口，来访者可通过室外主机呼叫住户，实现可视对讲。用户可通过密码开单元门、刷卡开门和刷卡巡更等，并支持胁迫报警。室外主机的功能设置方法将在后面作详细介绍。图 2-17 为室外主机产品外观图。

5）黑白可视室内分机

黑白可视室内分机可实现与室外主机、门前铃、管理中心机、小区门口机的黑白画面可视对讲，具有单元门、住户门锁控功能，支持一户多室内分机、同户室内分机互呼。当单元具有多个入口时，可依次监视本单元室外主机。可监视门前铃，有多个门前铃时，可依次监视门前铃。提供多路报警接口，支持火灾、盗窃、门磁、窗磁、燃气泄漏、紧急求助等报警，并有声光报警器接入端口。图 2-18 为黑白可视室内分机结构图。

听筒
指示灯
撤布防
监视
呼叫
开锁

图 2-17　室外主机的外观　　　　　图 2-18　黑白可视室内分机结构

3. 室外主机的操作运行

室外主机功能设置如表 2-13 所示。

表 2-13　室外主机功能设置

按　键	功　能	按　键	功　能
F1	住户开门密码	F2	设置室内分机地址
F3	设置室外主机地址	F4	设置联网器地址
F5	修改系统密码	F6	修改公用密码
F7	设置锁控时间	F8	注册 ID/IC 卡
F9	删除 ID/IC 卡	F10	恢复删除的本单元所有卡

室外主机出厂默认的系统密码为"200406"。

给室外主机通电，系统正常使用前，应对室外主机地址、室内分机地址进行设置，联网型的还要对联网器地址进行设置。

待机状态时，按"设置"键进入设置模式状态，设置模式分为 F1～F10，依次按"设置"键切换 F1～F10。

1）F1 住户开门密码

修改住户开门密码的方法：F1→按"确认"键→输入门牌号（1～8999）→按"确认"键→输入系统密码（或原开锁密码）→按"确认"键，显示"P1"时需等待 3 s（或按任意键）后自动切换到第一次密码输入界面，输入开锁密码（1～4 位）按"确认"键，显示"P2"时需等待 3 s（或按任意键）后自动切换到确认密码输入界面，输入重复开锁密码（1～4 位）+确认。

修改完毕后，可进行简单测试。模拟一次住户密码开门过程：输入门牌号→按"密码"键→输入开锁密码→按"确认"键。

室外主机具备胁迫开门功能，胁迫开门指当住户被匪徒胁持，被迫使用室外主机密码开启单元门时，可采用胁迫开门的方式，在匪徒不知情的情况下，将门打开的同时，也将报警信息发送至保安部门。

进行胁迫开门的方法：如果住户密码开门时输入的密码末位数加 1（如果末位为 9，加 1 后为 0，不进位），则作为胁迫密码处理。与正常开门时的情形相同，门被打开，有声音及显示提示，但同时会暗中向管理中心机发出胁迫报警信号。

可简单测试胁迫开门功能：住户密码开门，以 101 住户开门密码为"1234"为例，在室外主机待机状态输入"101"→按"密码"键→输入"1235"→按"确认"键。

2）F2 设置室内分机地址

首先，F2→输入系统密码→输入"确认"键，显示"S_ON"，进入室内分机地址设置状态。

（1）方法 1：此时在室内分机长按开锁键直到键音消失，此时室外主机显示该房间号，按室外主机的"设置"键，进入室内分机地址设置状态，输入新的房间号（1～8999），按"确认"键。

注：当室外主机只有一台时，室外主机地址必须是 1 否则该功能不能实现。

（2）方法 2：此时室外主机按房间号键→按"呼叫"键呼叫室内分机，室内分机按"通话"键通话后，室外主机按"设置"键进入室内分机地址设置状态，输入新房间号（1～8999），按"确认"键。

室内分机地址设置完毕后，可做简单测试。呼叫室内分机，按门牌号键→按"呼叫"键，通话后室内分机按"开锁"键开单元门的电磁锁。

注：在室内分机地址设置状态下，若不进行按键操作，数码显示屏始终保持显示"S_ON"，不自动退出。连续按"取消"键可退出室内分机地址设置状态。

3）F3 设置室外主机地址

室外主机地址的设置方法：F3→输入系统密码按"确认"键，显示当前本机地址，直接输入室外主机新地址（1～9）后按"确认"键。

注：一个单元只有一台室外主机时，室外主机地址必须设置为 1。如果同一个单元安装多个室外主机，则地址必须按照 1～9 的顺序依次进行设置。

4）F4 设置联网器地址

联网器地址结构为 BBB#DD（即楼号＋单元号）。

联网器地址设置方法：F4→输入系统密码→按"确认"键，显示当前联网器地址（没接联网器时显示"Addr"），按"设置"键→输入楼号（3 位）→按"确认"键→输入单元号（2 位）→按"确认"键。

注：楼号、单元号不应设置为 999#99、998#99、999#88，这 3 个号为系统保留号码。

5）F5 修改系统密码

系统原始密码是 200406。

系统密码修改方法：F5→输入系统密码（1～6 位）→按"确认"键，显示"P1"时需等待 3 s，或按任意键后自动切换到第一次密码输入界面，输入新系统密码（1～6 位），显示"P2"时需等待 3 s 或按任意键后自动切换到确认密码输入界面，重复输入新系统密码后按"确认"键。

注：更改系统密码时不要将系统密码更改为"123456"，以免与原公用密码混淆。

原始系统密码恢复方法：室外主机断电，按住"8"键不放，通电，直至显示"SUCC"后松开按键，表明系统密码已经成功恢复为原默认密码"200406"。

6）F6 修改公用密码

原始公用密码 123456。

公用密码修改方法：F6→输入系统密码→按"确认"键，显示"P1"时需等待 3 s 或按任意键后自动切换到第一次密码输入界面，输入新公用密码（1～6 位数）"，显示"P2"时需等待 3 s 或按任意键后自动切换到确认密码输入界面，再次输入新公用密码，按"确认"键。

修改公用密码后可进行简单测试：按"密码"键→输入公用密码→按"确认"键。

7）F7 设置锁控时间

为符合不同的客流量需求，需设置锁控时间。锁控时间越长，则一次开锁的过程时间越长，能让更多的人通过。

设置锁控时间有两种方法，一是通过室外主机设置，该方法只对室外主机有效；另一种方法是通过电磁锁控制器上的调时孔设置锁控时间，该方法只对开门按钮开门有效。

通过室外主机设置锁控时间的方法：F7→输入系统密码→按"确认"键→输入时间数（1～99 s）→按"确认"键。

简单测试锁控时间的设置结果：通过室外主机以任何方法开门，计算其时间是否与设置的时间相同。

8）F8 注册 ID/IC 卡

按"设置"键，进入 F8 后输入系统密码，显示"FN1"，依次按"设置"键可以在 FN1～FN4 间进行选择。FN1～FN4 分别注册不同类型的卡。

注：注册卡时必须是空白的卡，原来已注册过的卡必须通过 F9 删除方可重新注册，注册卡成功提示"嘀嘀"两声并显示"SUCC"，注册卡失败提示"嘀嘀嘀"三声并显示"Err"。

FN1："注册住户开锁卡"，显示"FN1"后，输入房间号（1～8999），再输入卡的序号（1～99），显示"RE6"后进入刷卡注册状态，"刷卡"。

注册完毕后，住户可通过此卡进行刷卡开锁。在室内分机布防情况下，可通过该卡刷卡开大楼门，同时室外主机向室内分机发送撤防命令。

简单测试用户卡功能：在室内分机布防状态下，通过"住户卡"刷卡开大楼门，然后查看室内分机是否已撤防。

FN2："注册巡更开门卡"，显示"FN2"后，输入卡的序号（即"巡更员"编号，1～99），显示"RE6"后进入刷卡注册状态，"刷卡"。

管理中心机有相应的巡更人员、巡更时间的记录。巡更人员刷卡成功提示"嘀嘀"两声。

FN3："注册巡更不开门卡"，显示"FN3"后，输入卡的序号（即"巡更员"编号，1～99），显示"RE6"后进入刷卡注册状态，"刷卡"。

巡更不开门卡指巡更人员只对小区内部、大楼外部进行巡更，刷卡时，大楼门不打开。

管理中心机有相应的巡更人员、巡更时间的记录。巡更人员刷卡成功提示"嘀嘀"两声。

FN4："注册管理员卡"，显示"FN4"后，输入卡的序号（即管理员编号，1～99），显示"RE6"后进入刷卡注册状态，"刷卡"。

当大楼内需要设备的设置、维护，或发生报警、遇到紧急情况急需处理时，管理人员通过管理员卡进入大楼内，进行相应的处理。

9）F9 删除 ID/IC 卡

依次按"设置"键，进入 F9 后，正确输入系统密码，显示"FN1"，依次按"设置"键可以在 FN1～FN4 之间进行选择。FN1～FN4 分别表示用不同方式删除不同类型的卡。

（1）FN1：直接刷卡删除。 FN1 显示"Card" 进入刷卡删除状态，"刷卡"删除。

（2）FN2：删除指定巡更卡及管理员卡。

① 删除指定巡更开门卡。 FN2，输入代码"9969"，输入卡的序号，按"确认"键。

② 删除指定巡更不开门卡。FN2，输入代码"9968"，输入卡的序号，按"确认"键。

③ 删除指定管理员卡。FN2，输入代码"9966"，输入卡的序号，按"确认"键。

（3）FN3：

① 删除某住户所有卡。FN3，输入房间号，按"确认"键。

② 删除所有巡更开门卡。FN3，输入代码"9969"，按"确认"键。

③ 删除所有巡更不开门卡。FN3，输入代码"9968"，按"确认"键。

④ 删除所有管理员卡。FN3，输入代码"9966"，按"确认"键。

（4）FN4：删除单元所有卡。FN4，输入系统密码，按"确认"键。

10）F10 恢复删除的本单元所有卡

由于误操作将本单元的所有卡删除后（即 F9 中的 FN4 功能），在没有进行注册或其他删除之前，可恢复原注册卡。方法：F10，系统密码，确认。

思考与练习

1. 楼号或者单元号能否设置成 999#99，为什么？

2. 一个单元只有一台室外主机时，室外主机地址必须设置成什么号码？

任务3 设计与施工对讲门禁系统小区模块

任务目标

（1）掌握对讲门禁系统小区模块的构成、主要设备特性。

（2）掌握对讲门禁系统小区模块的安装、接线方法。

（3）掌握对讲门禁系统小区模块的调试、运行方法。

任务描述

本次任务的主要内容是练习设计、安装与调试楼宇对讲门禁系统小区模块，重点是掌握管理中心机参数设置、运行、软件操作的方法。

任务分析

1. 任务概况

安装一套对讲门禁系统小区模块，要求配备室内分机、室外主机、层间分配器、联网器、管理中心机、室内安防探测器等设备，可实现管理中心机设置室内分机地址、设置联网器地址、设置报警优先级、记录报警信息、与住户及室外主机对讲通话等功能。

2. 设备清单

本次任务所需设备清单如表 2-14 所示。

表 2-14 设备清单

序　号	设备名称	单　位	数　量
1	管理中心机	台	1
2	联网器	个	2
3	室外主机	台	2
4	电磁锁	套	2
5	电磁锁控制器	个	2

续表

序　号	设 备 名 称	单　位	数　量
6	开门按钮	个	2
7	彩色可视室内分机	台	2
8	黑白可视室内分机	台	1
9	非可视室内分机	台	1
10	层间分配器	个	1
11	门前铃	台	1
12	电控锁	套	1
13	红外幕帘探测器	个	1
14	门磁探测器	对	1
15	烟感探测器	个	1
16	求助按钮	个	1

3．系统框图

对讲门禁系统小区模块的系统框图如图 2-19 所示。

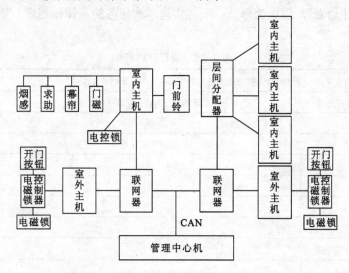

图 2-19　对讲门禁系统小区模块的系统框图

任务实施

1．信息查询

根据"信息查询表"，以小组为单位，查询并归纳总结本次任务的核心知识点。"信息查询表"见表 2-15。

表 2-15　信息查询表

《智能楼宇安防系统设计与施工》——信息查询（占总评20%）				
任务编号：学习情境 2 任务 3		任务名称：设计与施工对讲门禁系统小区模块		得分：
班级：	组号：	小组成员：		
序号	核心知识点	查 询 结 果	分值	得分
1	管理中心机采用什么方式与联网器进行通信？说明该种通信协议所具备的主要优点		4	
2	管理中心机 VI 与 VO 端子分别有什么作用？通常接什么设备		3	
3	"报警优先级"指的是什么意思？如何验证系统的报警优先级		3	
4	如何对管理中心机进行恢复出厂设置？如何对室外主机进行恢复出厂设置？如何对室内分机进行恢复出厂设置		4	
5	可采取什么办法进行户户对讲		3	
6	什么是胁迫密码？胁迫密码在使用时，末位加 1 是否向高位进位		3	

2．制订计划

根据"制订计划表"，以组为单位，制订实施本次任务的工作计划表。"制订计划表"见表 2-16。

表 2-16　制订计划表

《智能楼宇安防系统设计与施工》——制订计划（占总评20%）				
任务编号：学习情境 2 任务 3		任务名称：设计与施工对讲门禁系统小区模块		得分：
班级：	组号：	小组成员：		
序号	计 划 内 容	具体实施计划	分值	得分
1	人员分工		1	
2	耗材预估		2	
3	工具准备		1	
4	时间安排		1	
5	绘制详细接线端子图		6	
6	设备安装布局		2	
7	接线、布线工艺		2	
8	调试步骤		3	
9	注意事项		2	

3．任务施工

（1）根据"制订计划表"，参照接线图，安装、接线对讲门禁系统小区模块。接线如图 2-20 所示。

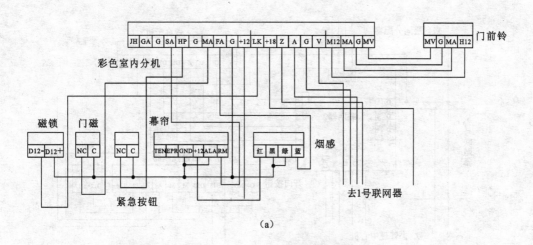

（a）

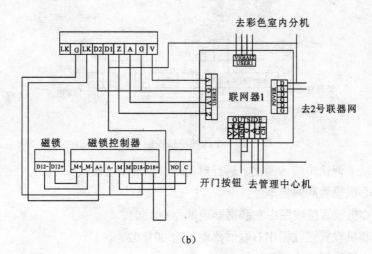

（b）

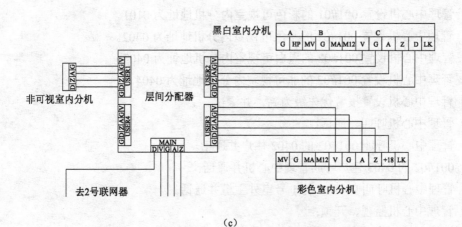

（c）

图 2-20　小区模块接线图

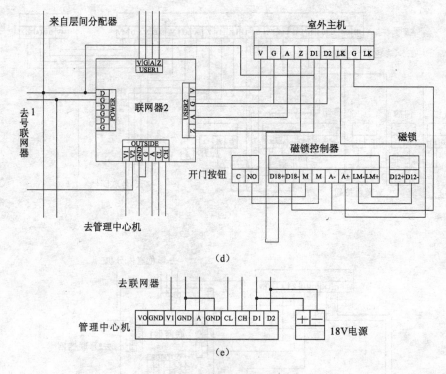

（d）

（e）

图 2-20 小区模块接线图（续）

（2）按照以下调试步骤，调试、运行对讲门禁系统小区模块：

① 管理中心机设置联网器地址：

a. 管理中心机设置接线图中左联网器地址为 001#01。

b. 管理中心机设置接线图中右联网器地址为 001#02。

② 管理中心机设置室内分机地址：

a. 管理中心机设置 001#01 的彩色可视室内分机地址为 0101。

b. 管理中心机设置 001#02 的彩色可视室内分机地址为 0402。

c. 管理中心机设置 001#02 的黑白可视室内分机地址为 0403。

d. 管理中心机设置 001#02 的非可视室内分机地址为 0404。

③ 管理中心机设置报警优先级为高，并测试。

④ 管理中心机呼叫、通话：

a. 管理中心机呼叫 001#02 的 0402 住户并通话。

b. 001#02 的 0403 住户呼叫管理中心机并通话。

c. 管理中心机呼叫 001#01 的 1 号室外主机并通话。

⑤ 管理中心机监视、开锁：

a. 管理中心机监视 001#02 的 1 号室外主机。

b. 管理中心机开 001#02 的单元门。

⑥ 管理中心机处理报警信息：

a. 001#01 的 0101 住户使用紧急求助按钮报警，管理中心机消除报警信号。

b. 001#01 的 0101 住户烟感报警，管理中心机消除报警信号。

c. 001#01 的 0101 住户布防后，红外报警，管理中心机消除报警信号。

d. 001#01 的 0101 住户布防后，门磁报警，管理中心机消除报警信号。

⑦ 管理中心机密码管理：

a. 增加管理员 1，管理员密码 111111。

b. 删除管理员 1。

⑧ 胁迫密码开门：

a. 室外主机设置 001#01 的 0101 住户开门密码为 0109。

b. 0101 住户使用胁迫密码开门，管理中心机消除报警信号。

（3）注意事项如下：

① 注意人身安全。

② 注意用电安全。

③ 注意爱护设备。

④ 注意节约耗材。

⑤ 注意保持卫生。

　　（4）施工打分。根据"施工打分表"对每个小组的任务施工情况进行打分。"施工打分表"见表 2-17。

表 2-17　施工打分表

《智能楼宇安防系统设计与施工》——施工打分（占总评 50%）				
任务编号：学习情境 2　任务 3		任务名称：设计与施工对讲门禁系统小区模块	得分：	
班级：　　　　组号：		小组成员：		
序号	打分方面	具体要求	分值	得分
1	工艺要求 （12 分）	设备安装牢固无松动	2	
		设备安装整齐无歪斜	2	
		位置布放合理	2	
		布线平、直，无斜拉和翘起	2	
		合理使用线槽	2	
		线端镀锡，线头无分岔	2	
2	功能要求 （30 分）	管理中心机设置接线图中左联网器地址为 001#01	1.5	
		管理中心机设置接线图中右联网器地址为 001#02	1.5	
		管理中心机设置 001#01 的彩色可视室内分机地址为 0101	1.5	
		管理中心机设置 001#02 的彩色可视室内分机地址为 0402	1.5	
		管理中心机设置 001#02 的黑白可视室内分机地址为 0403	1.5	
		管理中心机设置 001#02 的非可视分机地址为 0404	1.5	
		管理中心机设置报警优先级为高，并测试	1.5	
		管理中心机呼叫 001#02 的 0402 住户并通话	1.5	
		001#02 的 0403 住户呼叫管理中心机并通话	1.5	

《智能楼宇安防系统设计与施工》——施工打分（占总评50%）				
任务编号：学习情境2　任务3		任务名称：设计与施工对讲门禁系统小区模块	得分：	
班级：	组号：	小组成员：		
序号	打分方面	具体要求	分值	得分
2	功能要求 （30分）	管理中心机呼叫001#01的1号室外主机并通话	1.5	
		管理中心机监视001#02的1号室外主机	1.5	
		管理中心机开001#02的单元门	1.5	
		001#01的0101住户使用紧急求助按钮报警，管理中心机消除报警信号	1.5	
		001#01的0101住户烟感报警，管理中心机消除报警信号	1.5	
		001#01的0101住户布防后，红外报警，管理中心机消除报警信号	1.5	
		001#01的0101住户布防后，门磁报警，管理中心机消除报警信号	1.5	
		增加管理员1，管理员密码111111	1.5	
		删除管理员1	1.5	
		室外主机设置001#01的0101住户开门密码为0109	1.5	
		0101住户使用胁迫密码，管理中心机消除报警信号	1.5	
3	职业素养 （8分）	工位整洁，工具摆放有序	2	
		节约耗材，爱护设备	2	
		注意人身安全，用电符合规范，穿劳保服装	2	
		组员团结协作，遵守劳动纪律	2	

4. 汇报总结

每个小组根据本组任务完成情况进行 PPT 汇报总结，各个小组点评员根据"PPT 汇报表"对汇报小组的 PPT 内容、制作及汇报演讲情况进行评价、打分。"PPT 汇报表"见表2-18。

表2-18　PPT 汇报表

《智能楼宇安防系统设计与施工》——PPT汇报（占总评10%）									
任务编号：学习情境2任务3		任务名称：设计与施工对讲门禁系统小区模块			得分：				
班级：		组号：	小组成员：						
序号	打分方面	具体要求	分值	第1小组打分	第2小组打分	第3小组打分	第4小组打分	第5小组打分	第6小组打分
1	专业能力（2分）	汇报人是否熟悉相关专业知识	1						
		汇报人是否对相关专业知识有独到见解	1						
2	方法能力（3分）	PPT制作技术是否熟练	1						
		PPT所用信息是否丰富、有用	1						
		PPT内图样是否用专业工具正确绘制	1						

续表

《智能楼宇安防系统设计与施工》——PPT 汇报（占总评 10%）

任务编号：学习情境 2 任务 3			任务名称：设计与施工对讲门禁系统小区模块							得分：	
班级：		组号：		小组成员：							
序号	打分方面		具体要求	分值	第1小组打分	第2小组打分	第3小组打分	第4小组打分	第5小组打分	第6小组打分
3	社会能力（5分）		汇报人语言表达能力如何	1						
			汇报人是否声音洪亮、清晰	1						
			汇报人是否镇定自若、不紧张	1						
			汇报人是否与观众有互动	1						
			汇报是否有创新精神	1						
	各小组打分合计										
	该小组平均得分										

任务总评

根据"信息查询表""制订计划表""施工打分表"和"PPT 汇报表"的打分情况，综合评定小组本次任务的总评成绩，记录于"任务总评表"中。"任务总评表"见表 2-19。

表 2-19 任务总评表

《智能楼宇安防系统设计与施工》——任务总评（总分 100 分）

任务编号：学习情境 2 任务 3		任务名称：设计与施工对讲门禁系统小区模块		得分：	
班级：	组号：	小组成员：			
序号	评价项目	主要考察方面		分值	得分
1	信息查询表	（1）核心知识点掌握程度； （2）信息检索能力； （3）文字组织能力		20	
2	制订计划表	（1）设计能力； （2）绘图能力； （3）计划制订能力		20	
3	施工打分表	（1）安装、接线、调试、排故技能； （2）团队协作能力； （3）职业素养		50	
4	PPT 汇报表	（1）创新能力； （2）语言表达及交流能力； （3）PPT 制作技能		10	

相关知识

1. 对讲门禁系统小区模块的基本构成

对讲门禁系统小区模块负责小区的安全和管理事务，管理中心机安装在管理中心机房或值班室内。小区模块的主要功能有：接收住户呼叫、与住户对讲、报警提示、开单元门、呼叫住户、监视单元门口、记录系统各种运行数据等。小区模块的核心设备——管理中心机通过 CAN 总线与大楼模块和住户模块进行通信，控制整个小区对讲门禁系统的运行。

2．对讲门禁系统小区模块的主要设备介绍

1）管理中心机

管理中心机一般安装在机房内，须专业人员管理。当住户发生火灾、盗窃或其他特殊情况时，管理中心机能显示报警的类型、时间、房号，同时会有相应的声音提示，方便保安人员开展支持和处理。管理分为两级，一为系统操作员，能进行系统的全部操作；二为普通管理员，能进行一般的报警处理，实现责任制管理。

管理中心机是住宅小区保安系统的核心设备，可协调、督察该系统的工作。管理中心机采用 CAN 总线技术，主机装有电路板、电子铃、功能键（有的主机内附荧幕和扬声器），并可外接摄像机和监视器。物业管理中心的保安人员可同住户及来访者进行通话，并可观察到来访者的影像，可接受用户分机的报警，识别报警区域及记忆用户号码，监视来访者情况，并具有呼叫和开锁的功能。管理中心主机安装在住宅小区物业管理保安人员值班室内的工作台面上。

管理中心机的设置及操作方法将在后面作详细介绍，图 2-21 为管理中心机产品外观图。

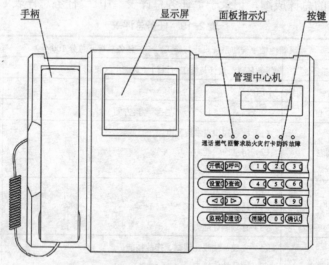

图 2-21　管理中心机

2）紧急按钮

住户在日常生活中难免发生一些意外，遇到这类情况，住户可立即按动设在房间的紧急呼叫按钮，向有关部门求救。

紧急按钮是一对常开的开关量，正常情况下是常开，按下后常开变常闭，向管理中心机发出求助信号。如警情消除，用户可使用专用的按钮钥匙插入紧急求助按钮，旋转半周，按钮即可弹起，报警信号消除。

图 2-22　紧急按钮的外观

图 2-22 为紧急按钮产品外观图。

3．对讲门禁系统管理中心机的操作运行

1）密码管理

增加管理员：按"设置"键→"◀"或"▶"选择密码管理→"◀"或"▶"选择增加管理员→输入系统密码→输入管理员号（1～99）→输入管理员密码（0～6 位）→再次输入密码→按"确认"键。

删除管理员：按"设置"键→"◀"或"▶"选择密码管理→"◀"或"▶"选择删除管理员→输入系统密码→输入要删除的管理员号→按"确认"键时提示"删除××号管理员？"→再次按"确认"键完成删除。

注：管理中心机设置两级操作权限，系统操作员可以进行所有操作（设置）。

修改系统密码：按"设置"键→"◀"或"▶"选择密码管理→"◀"或"▶"选择修改密码→输入原系统密码→再次输入原系统密码→输入新系统密码（4～6 位）→再次输入新系统密码→按"确认"键。

公用密码开门：按"密码"键→输入公用密码→按"确认"键。

2）设置地址

设置本机地址：按"设置"键→"◀"或"▶"选择地址设置→输入系统密码→"◀"或"▶"选择"设置本机地址"→输入新本机地址（1～9）→按"确认"键。

设置联网器地址：按"设置"键→"◀"或"▶"选择地址设置→输入系统密码→"◀"或"▶"选择"设置联网器地址"→显示屏显示"联网器设置等待呼叫"→按室外主机"保安"键→显示屏显示室外主机当前地址→按"设置"键进入入联网器设置→输入楼号（3 位）→按"确认"键→输入单元号（2 位）→按"确认"键。

设置室内分机地址：按"设置"键→"◀"或"▶"选择地址设置→输入系统密码→"◀"或"▶"选择"设置室内分机地址"→显示屏显示"室内分机地址设置等待呼叫"→室内分机长按"保安"键直至按键音消失→管理中心机显示屏显示该室内分机当前的地址→按"设置"键设置室内分机地址→输入新的室内分机地址（4 位）→按"确认"键。

3）设置报警优先级

按"设置"键→"◀"或"▶"选择"报警优先级"→输入系统密码→"◀"或"▶"选择"高"或"低"→按"确认"键。

高：一旦收到报警信息将会中断当前的通话、监视等操作，并进行报警提示。

低：报警信息将不能中断当前的通话、监视等操作，只有等操作完成后才会进行报警提示。

4）消除报警信号

在报警过程中，按任意键取消声音提示，按"◀"或"▶"键可以手动浏览报警信息，摘机按"呼叫"键，输入系统密码（或管理员号＋管理员密码）后按"确认"键，如果密码正确，清除报警显示，呼叫报警房间，通话结束后清除当前报警。

也可按除"呼叫"键外的任意一个键，输入系统密码（或管理员号＋管理员密码）后按

"确认"键，直接清除报警提示。

5）恢复出厂设置

恢复出厂设置指系统密码恢复为原始的"1234"，并清空历史记录。

按住"确认"键，给管理中心机重新通电。显示屏显示"系统自检，确认？"，按"确认"键进入自检，按除"确认"键外的任意键退出自检。显示屏显示"翻转上下屏确认？"，此时按任意键进入"键盘检测"，按住"设置"键不放，再按"0"键则进入报警声音及振铃检测，按任意键播放下一种声音，声音检测完后自动进入音频检测、指示灯检测和对比度检测。此时长按"设置"键和"1"键，10 s 后，显示屏显示"是否恢复出厂设置？"，按"确认"键确认。

6）呼叫、监视与开门

呼叫单元住户：输入楼号→按"确认"键→输入单元号→按"确认"键→输入房间号→按"呼叫"键。

呼叫室外门口机：输入楼号→按"确认"键→输入单元号→输入 950×（×为室外主机的本机地址）。

重拨：管理中心机最多可以存储 32 条主呼记录，在待机状态按"呼叫"键进入被呼记录查询状态，按"◀"或"▶"可以逐条查看记录信息，按"呼叫"键或"确认"键重新呼叫当前记录号码。

监视单元门口：在待机状态下，输入楼号→按"确认"→输入单元号→按"确认"键→输入室外主机本机地址或 950×（×为室外主机本机地址）→按"监视"键。

开单元门：在待机状态下按"开锁"键→输入系统密码（或输入管理员号→按"确认"键→输入管理员密码）→按"确认"键→输入楼号→按"确认"键→输入单元号→按"确认"键→输入 950×→按"确认"或"开锁"键，可以打开指定单元门。

4. 小区对讲门禁设备编码

为了使整个小区的对讲门禁系统正常运行，必须根据编码规则对整个小区的所有管理中心机、联网器、室外主机、室内分机等设备进行编码。编码规则必须符合常规通用命名习俗，且能够直观反映设备所处位置，做到清晰、明确、有序。在编码过程中，必须注意一个单元只配备一个联网器，且同一单元中的室外主机必须从 1 开始编码。

图 2-23 为小区对讲门禁设备常见编码方式的示意图。

5. 对讲门禁系统管理软件

可视对讲应用系统管理软件适用于对智能小区可视对讲系统的实时监控，对监控信息的处理和实时显示，对小区用户、管理员和巡更员的管理，记录和输出历史数据等，从而提高智能小区管理的工作效率。对讲门禁系统软件结构如图 2-24 所示。

为保证管理中心机与计算机正常通信，CAN/RS-232 模块的 232 接口与计算机的 RS-232COM 端口连接，CAN/RS-232 的 CAN 总线接口与管理中心机 CAN 总线接口连接，注意总线极性分为 CANH 和 CANL。对讲门禁系统与计算机硬件连接图如图 2-25 所示。

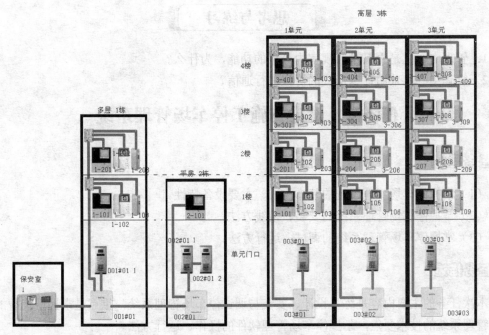

图 2-23　小区对讲门禁设备常规编码方式的示意图

图 2-24　对讲门禁系统软件结构

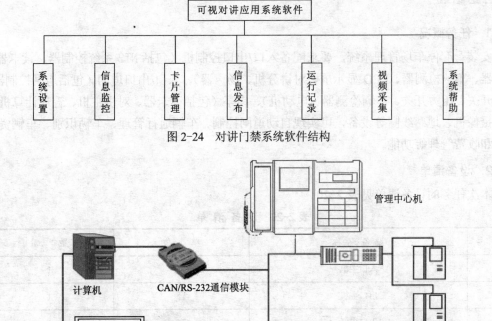

图 2-25　对讲门禁系统与计算机硬件连接图

思考与练习

1．管理中心机是否具备监视室内分机的功能，为什么？
2．管理中心机采用什么形式的协议进行通信？

任务4　设计与施工停车场管理系统

任务目标

（1）掌握停车场管理系统的基本构成、主要设备特性。
（2）掌握停车场管理系统的安装、接线方法。
（3）掌握停车场管理系统的调试、运行方法。

任务描述

本次任务的主要内容是练习设计、安装与调试停车场管理系统，重点是掌握现代智能停车场管理系统的技术要点，掌握停车场管理软件的操作、运行方法。

任务分析

1．任务概况

安装一套停车场管理系统，要求配备入口/出口控制机（包括 NT2 系统控制器、读卡器、取卡器、车辆检测器、LED 显示屏、对讲分机、扬声器）、入口/出口道闸（包括道闸控制器、限位开关、压力开关、车辆检测器、电动机）、岗亭（包括读卡器、对讲主机、管理计算机）、红外摄像机、地感线圈等设备，可实现自动道闸控制、车辆通行管理、车辆识别、车辆资料管理和收费管理等功能。

2．设备清单

本次任务的设备清单见表2-20。

表2-20　设　备　清　单

序　号	设 备 名 称	单　　位	数　　量
1	入口主机	台	1
2	出口主机	台	1
3	入口道闸	套	1
4	出口道闸	套	1
5	岗亭	套	1
6	红外摄像机	台	2
7	地感线圈	个	3

3. 系统框图

停车场管理系统框图如图 2-26 所示。

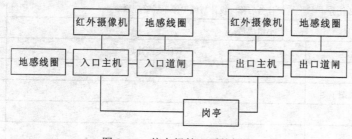

图 2-26   停车场管理系统框图

任务实施

1. 信息查询

根据"信息查询表",以小组为单位,查询并归纳总结本次任务的核心知识点。"信息查询表"见表 2-21。

表 2-21   信息查询表

《智能楼宇安防系统设计与施工》——信息查询(占总评 20%)				
任务编号:学习情境 2 任务 4		任务名称:设计与施工停车场管理系统	得分:	
班级:	组号:	小组成员:		
序号	核心知识点	查询结果	分值	得分
1	道闸控制器主要实现什么功能		4	
2	简述"防砸车"功能的原理及工作过程,其中压力开关起到了什么作用		4	
3	简述"限位开关"的工作原理及作用		4	
4	感应式读卡器的工作原理是什么,读卡距离通常多大		4	
5	简述地感线圈的工作原理		4	

2. 制订计划

根据"制订计划表",以组为单位,制订实施本次任务的工作计划表。"制订计划表"见表 2-22。

表 2-22   制订计划表

《智能楼宇安防系统设计与施工》——制订计划(占总评 20%)				
任务编号:学习情境 2 任务 4		任务名称:设计与施工停车场管理系统	得分:	
班级:	组号:	小组成员:		
序号	计划内容	具体实施计划	分值	得分
1	人员分工		1	
2	耗材预估		2	
3	工具准备		1	

《智能楼宇安防系统设计与施工》——制订计划（占总评20%）					
任务编号：学习情境2任务4		任务名称：设计与施工停车场管理系统		得分：	
班级：	组号：	小组成员：			
序号	计划内容	具体实施计划		分值	得分
4	时间安排			1	
5	绘制详细接线端子图			6	
6	设备安装布局			2	
7	接线、布线工艺			2	
8	调试步骤			3	
9	注意事项			2	

3．任务施工

（1）根据"制订计划表"，参照接线图，安装、接线停车场管理系统。接线如图 2-27 所示。

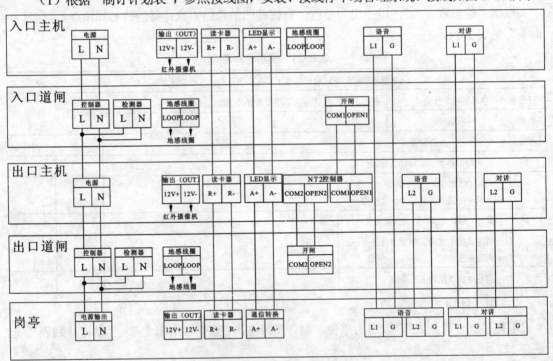

图 2-27　停车场管理系统接线图

（2）按照以下步骤，调试、运行停车场管理系统。

① 入口主机检测到有车辆驶入时，LED 显示屏显示"请刷卡或取卡"。

② 临时用户按取卡按钮取卡，入口道闸自动抬闸，并自动拍照。

③ 车主用对讲机与岗亭管理员对讲。

④ 车辆通过入口道闸，入口道闸自动落闸。

⑤ 入口道闸自动落闸过程中检测到有车辆在下方，立即转为提闸。

⑥ 出口处临时卡刷卡，语音提示停车时间及金额，并拍下刷卡时照片。

⑦ 管理员核对车辆信息，通过软件按钮开启出口道闸。

（3）注意事项如下：

① 注意人身安全。

② 注意用电安全。

③ 注意爱护设备。

④ 注意节约耗材。

⑤ 注意保持卫生。

（4）施工打分。根据"施工打分表"对每个小组的任务施工情况进行打分。"施工打分表"见表2-23。

4．汇报总结

每个小组根据本组任务完成情况进行PPT汇报总结，各个小组点评员根据"PPT汇报表"对汇报小组的PPT内容、制作及汇报演讲情况进行评价、打分。"PPT汇报表"见表2-24。

表 2-23　施工打分表

《智能楼宇安防系统设计与施工》——施工打分（占总评50%）				
任务编号：学习情境2任务4	任务名称：设计与施工停车场管理系统		得分：	
班级：　　组号：　　小组成员：				
序号	打分方面	具体要求	分值	得分
1	工艺要求（12分）	设备安装牢固无松动	2	
		设备安装整齐无歪斜	2	
		位置布放合理	2	
		布线平、直，无斜拉和翘起	2	
		合理使用线槽	2	
		线端镀锡，线头无分岔	2	
2	功能要求（30分）	入口主机检测到有车辆驶入时，LED显示屏显示"请刷卡或取卡"	4	
		临时用户按取卡按钮取卡，入口道闸自动抬闸，并自动拍照	5	
		车主用对讲机与岗亭管理员对讲	4	
		车辆通过入口道闸，入口道闸自动落闸	4	
		入口道闸自动落闸过程中检测到有车辆在下方，立即转为提闸	5	
		出口处临时卡刷卡，语音提示停车时间及金额，并拍下刷卡时照片	4	
		管理员核对车辆信息，通过软件按钮开启出口道闸	4	
3	职业素养（8分）	工位整洁，工具摆放有序	2	
		节约耗材，爱护设备	2	
		注意人身安全，用电符合规范，穿劳保服装	2	
		组员团结协作，遵守劳动纪律	2	

表2-24　PPT汇报表

《智能楼宇安防系统设计与施工》——PPT汇报（占总评10%）									
任务编号：学习情境2任务4		任务名称：设计与施工停车场管理系统				得分：			
班级：		组号：	小组成员：						
序号	打分方面	具 体 要 求	分值	第1小组打分	第2小组打分	第3小组打分	第4小组打分	第5小组打分	第6小组打分
1	专业能力（2分）	汇报人是否熟悉相关专业知识	1						
		汇报人是否对相关专业知识有独到见解	1						
2	方法能力（3分）	PPT制作技术是否熟练	1						
		PPT所用信息是否丰富、有用	1						
		PPT内图样是否用专业工具正确绘制	1						
3	社会能力（5分）	汇报人语言表达能力如何	1						
		汇报人是否声音洪亮、清晰	1						
		汇报人是否镇定自若、不紧张	1						
		汇报人是否与观众有互动	1						
		汇报是否有创新精神	1						
	各小组打分合计								
	该小组平均得分								

任务总评

根据"信息查询表""制订计划表""施工打分表"和"PPT汇报表"的打分情况，综合评定小组本次任务的总评成绩，记录于"任务总评表"。"任务总评表"见表2-25。

表2-25　任务总评

《智能楼宇安防系统设计与施工》——任务总评（总分100分）				
任务编号：学习情境2任务4		任务名称：设计与施工停车场管理系统	得分：	
班级：	组号：	小组成员：		
序号	评价项目	主要考察方面	分值	得分
1	信息查询表	（1）核心知识点掌握程度； （2）信息检索能力； （3）文字组织能力	20	
2	制订计划表	（1）设计能力； （2）绘图能力； （3）计划制订能力	20	
3	施工打分表	（1）安装、接线、调试、排故技能； （2）团队协作能力； （3）职业素养	50	

续表

《智能楼宇安防系统设计与施工》——任务总评（总分100分）				
任务编号：学习情境2任务4		任务名称：设计与施工停车场管理系统	得分：	
班级：	组号：	小组成员：		
序号	评价项目	主要考察方面	分值	得分
4	PPT汇报表	（1）创新能力； （2）语言表达及交流能力； （3）PPT制作技能	10	

相关知识

1．停车场管理系统简介

智能停车场的管理系统以非接触式 IC 卡为车辆出/入停车场凭证，以车辆图像对比、证件抓拍管理为核心的多媒体综合车辆收费管理系统，从而对停车场车道入口及出口进行管理。设备实行自动控制，对在停车场中停放的车辆按照预先设定的收费标准实行自动收费。

停车场管理系统将 ID 卡识别技术和高速视频图像处理技术相结合，通过计算机的图像处理和自动识别，对车辆进出停车场的收费、保管和管理等进行全方位管理，可以对停车场管理中的名种控制参数进行设置，对 IC 卡进行发卡、刷卡消费、挂失等管理，并能够对停车场数据进行管理。

系统可以将入场的车辆外形和车牌编号摄录下来并保存在服务器数据库中，当车辆驶出停车场读卡时，屏幕上自动出现车辆在出口处摄录的图像和在入口处摄录的图像，操作人员可以将驶出停车场的车辆与服务器中记录的 ID 卡号和摄录的图像进行对比，在确定卡号、车形、车牌编号等与记录相符后，启动自动道闸升起闸杆，放行车辆。停车场管理系统可以实现车辆人员身份识别、车辆资料管理、车辆出入管理和收费管理等功能。

2．停车场管理系统设备简介

1）出/入口控制机

出/入口控制机安装于停车场出/入口车道旁，用于对车辆进行刷卡、计时等操作，控制道闸的提闸动作，主要由读卡器、取卡器、系统控制器、对讲分机、LED 显示屏等部分组成。图 2-28 为出/入口控制机的外观图。

其中，系统控制器是停车场的核心部分，具有强大的储存能力，可把大量的卡片信息存于控制器中，进而对读卡器中读入的卡片信息进行判断处理是否开闸。同时可控制出/入口 LED 显示屏，通过"485 转换器"与 PC 管理软件同步通信，进行信息的写入与修改。

2）出/入口道闸

道闸由道闸控制器、限位开关、压力开关、电动机、闸杆等部分组成。图 2-29 为出/入口道闸的外观图。

道闸控制器是停车场的关键设备，是使道闸自动化的重要控制设备。主要功能包括：通过外部设备信号的输入，控制道闸的开关及相应的保护动作；通过控制器实现刷卡认证后，自动控制道闸的提闸；道闸控制器内部设有无线接收装置，值班员可通过无线遥控器操作实现控制道闸的开、关、停；值班员可通过系统管理软件控制道闸的提闸；配设车辆检测器，具有"车过自动落闸"功能，并具有"防砸车"功能，即在落闸的过程中，车辆检测器再次检测到金属物体时，道闸立即转为提闸状态。

图 2-28　出/入口控制机的外观图　　　　图 2-29　出/入口道闸的外观图

限位开关由两个行程开关组成，即上限位（90°角）与下限位（0°角），对作为转动式的电动机或转动机构产生限位作用。当闸杆处于正上方（90°角时）时，对应的"开"限位开关被压下，从常开变为常闭状态，控制电路使电动机停止转动；当闸杆处于正下方时（0°角时），对应的"关"限位开关被压下，控制电路使电动机停止转动。

压力开关又叫压力电波开关，是防砸车压力波装置的一种，主要应用于各种闸类，防止在意外情况下造成对人身及车辆等交通工具的损害，起到保护作用。压力开关通过极低的压力就能可靠地触发一个电气开关，并能配合四周的大气压力和温度变化。压力开关的主要作用为防砸人、防砸车，其工作原理是通过气压作为传导介质，使压力开关装置的常开开关闭合，使控制量有输出。当闸杆上的气管砸到物体发生形变时，所产生的少量气压使压力电波动作，联动道闸控制器提闸。通常压力开关接触距离大于 0.3 mm。

3）车辆检测器

为了能够自动探测到车辆的位置和到达的情况，需要在路下安装（埋）地感线圈感应上方的车辆。地感线圈是一个振荡电路，振荡信号通过变换送到由单片机组成的频率测量电路，单片机可以测量振荡器的频率。当有大的金属物如汽车经过时，由于空间介质发生变化引起了振荡频率的变化（有金属物体时振荡频率升高），这个变化就作为汽车经过地感线圈的证实信号，同时这个信号的开始和结束之间的时间间隔又可以用来测量汽车的移动速度。

当汽车经过地感线圈的上方时，地感线圈产生感应电流传给车辆检测器，车辆检测器输出控制信号给道闸，可用于车过自动落闸及防砸车等。车辆检测器外观图如图 2-30 所示。

图 2-30　车辆检测器外观图

一般情况下，在停车场入口处设置两套车辆检测器和地感线圈。另外在出口处道闸的闸杆正下方设置一个地感线圈，直接和道闸控制机构连锁，防止在闸杆下有车辆时，由于各种意外造成的闸杆下落，将车辆砸伤。车辆检测器为单通道探测器，即只能同时监测一个地感线圈，它具有两个继电器用以提供输出信号，用户可选择不同的输出信号来控制机械驱动器或出卡设备。图 2-31 为车辆检测器与地感线圈接线图。

车辆检测器灵敏度共分为高、中、低 3 级，可通过顶端面板上的 3 位拨码开关设定，用于调节检测器检测灵敏度的高低。另外，通过在 H 挡和 M 挡的相互转换即可实现复位操作。图 2-32 为车辆检测器挡位示意图。

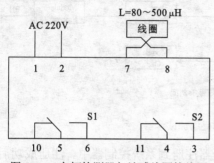 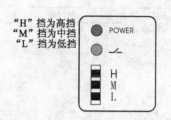

图 2-31　车辆检测器与地感线圈接线图　　　　图 2-32　车辆检测器挡位示意图

3. 停车场管理系统调试

1）添加读卡器操作流程

系统初始时或新接入读卡器时，都需要把读卡器注册到控制器中，读卡器才能把读入的信息传送到控制器中。可把读卡器的串码添加到控制器中，分别定义不同的地址码，用以系统定义出、入口或岗亭的读卡器。

（1）编程登录（Login），具体步骤如图 2-33 所示。

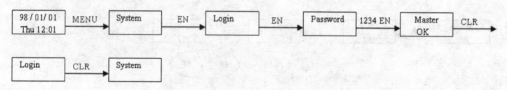

图 2-33　编程登录

（2）更改读卡机号码（Change Reader ID），具体步骤如图 2-34 所示。

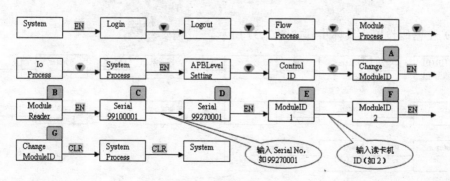

图 2-34　更改读卡机号码

如添加入口主机的读卡器，输入入口主机读卡器背面的串号（如 serial No:09106848）后，把该入口主机号码定义为一个机号值（如 1 号机），即可把该读卡器添加到系统控制器中。

注：每个控制器有 1~4 个门和 1 或 2 个台式读卡器，故出/入口读卡器地址应设为 1~4，台式读卡器可设为 5 或 6，设置其他地址无效。

（3）自动检测已添加读卡器，具体步骤如图 2-35 所示。

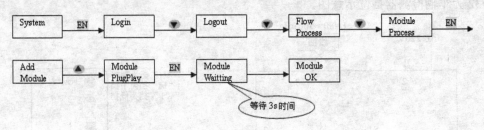

图 2-35　自动检测已添加读卡器

自动检测已添加读卡器，即把已定义的读卡器注册到系统控制器中。注册成功后，刷卡器刷卡时会有相应的"嘟嘟"两声提示，表示读卡器与控制器正常通信（"嘟"一声为注册失败或读卡器接线有误）。

（4）系统初始化（System Init），具体步骤如图 2-36 所示。

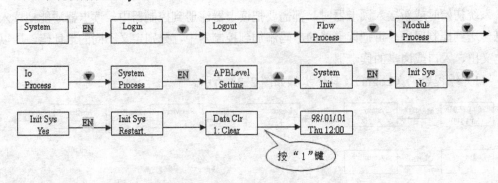

图 2-36　系统初始化

注：执行该操作将清除控制器内所有数据，恢复到出厂状态。恢复出厂后需重新添加读卡器。

（5）主密码设置，具体步骤如图 2-37 所示。

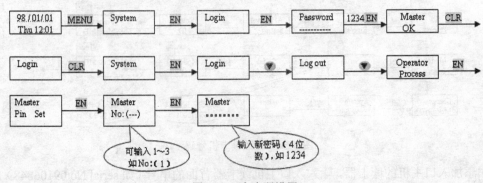

图 2-37　主密码设置

注：主密码可以设置 3 组不同密码。出厂主密码为"1234"，请不要随意更改密码。

2）系统登陆

默认的系统管理员密码为"123"。

3）设备的连接

设备连接对话框如图 2-38 所示。

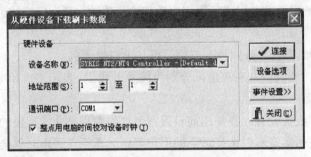

图 2-38　设备连接对话框

（1）设备名称，即系统控制器的名称。

（2）地址范围，即控制器的地址，当为一个控制器时，地址范围为"1"至"1"，当为两个控制器时，地址范围为"1"至"2"。

（3）通信端口，默认 COM1。这是大部分计算机所使用的串口，如果无法使用，请调整为其他串口，选择一个串口，单击修改即可。

注：设置完成后单击连接，通过软件的左下角可查看连接成功与否。通信端口不允许其他设备或软件占用，否则连接不成功。

4）道口设置

道口设置如图 2-39 所示。

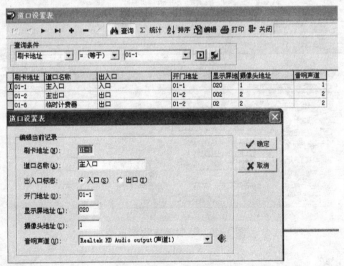

图 2-39　道口设置

（1）刷卡地址，前两位为控制器编号，最后一位为读卡器编号。例如，01-6，为第一个控制器的 6 号刷卡器。

（2）道口名称，刷卡地址所指的刷卡地点的名称。如"东道口"、"南道口"、"1 号收费处"等。

（3）出入口标志，可进行刷卡点类型选择。

（4）开门地址，由 4 位数字构成，前两位为控制器编号，最后一位为道闸编号。例如，01-2，则开第 01 号控制器的 2 号道闸。

（5）显示屏地址，通过专用显示屏程序软件进行更改。显示屏地址为"20"时可显示剩余车位。

（6）摄像头地址，1、2 分别为入口摄像机与出口摄像机。

（7）音响通道，音响的左右声道，分别为编号 1 和 2，表示进口和出口。

5）用户类别设置

用户类别设置即收费设置，在使用前设置好怎样收费也是非常重要的。设置各种收费方式，以便在编辑车主档案资料时选择适当的用户类别。车辆在进出时就会按照此收费规则进行收费。一般情况下有 3 种类别，即固定用户、月卡用户、临时用户等，可根据实际情况增加用户类别。用户类别设置在"停车"菜单下的"用户类别设置"子菜单中。

6）车类型设置

设置各种类型的车，以便在填写车主档案时进行选择。车辆类型设置在"停车"菜单下的"车类型设置"子菜单中。

7）临时用户停车收费记录

用户停车收费记录是指当车辆完成一次完整的进入，则将其进入时间、进入地点、外出时间、外出地点、收费金额、收款人即操作员、收费时间等保存到一条记录中。选择"停车"菜单下的"临时用户停车收费记录"，如图 2-40 所示。

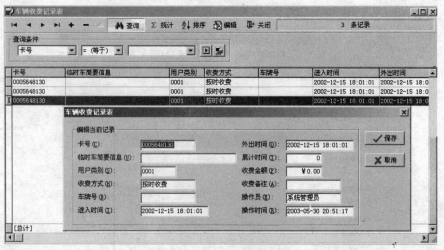

图 2-40　临时停车收费记录

8）车辆进出记录

需详细说明每天的车辆进出情况，选择"停车"菜单下的"车辆进出记录"，如图 2-41 所示。

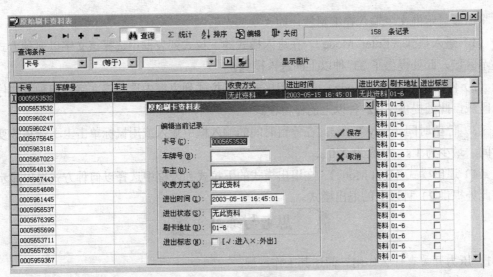

图 2-41　车辆进出记录

9）开启道闸

选择"停车"菜单下的"开启道闸"，直接开启指定的道闸，道闸信息前 3 位数字表示开门地址，由两位控制器编号和一位门编号组成。开门成功后，会将信息写入操作日志表中，包括操作员、操作时间、开闸地址等。

10）显示屏程序编程

显示屏程序软件可对 LED 显示内容进行编程，由于显示屏的记忆功能，可把程序编写进入后脱机运行。显示屏编辑窗口如图 2-42 所示。

图 2-42　显示屏编辑窗口

将需要显示的文字输入在编辑栏，如"欢迎光临"。

（1）进入模式（Enter Mode）。在进入模式的下拉式列表框中选择该文字以何种方式进入显示区域，此处提供了 23 种以上的进入模式。

（2）停留模式（Stay Mode）。在停留模式的下拉式列表框中选择该文字以何种方式停留显示区域，此处提供了 12 种以上的停留模式。

（3）停留时间（Stay Time）。在停留时间的输入框中输入或用鼠标单击上下箭头改变显示时间，最少为 1 s，最大为 220 s。

（4）退出模式（Exit Mode）。在退出模式的下拉式列表框中选择以何种方式退出显示区域，此处提供 23 种以上的退出模式。

思考与练习

1. 压力开关有什么作用？简述其工作过程。
2. 限位开关有什么作用？简述其工作过程。
3. 地感线圈有什么作用？简述其工作过程。

通过对工程案例的实践训练,掌握防盗报警系统的设计、安装、接线、调试与运行的方法,提升 6S 素养。

任务1 设计与施工八防区防盗报警系统

任务目标

(1)掌握八防区防盗报警系统的基本构成、工作原理。

(2)掌握八防区防盗报警系统的主要设备特性、设计方法。

(3)掌握八防区防盗报警系统的安装方法、接线工艺。

(4)掌握八防区防盗报警系统的编程、设置、运行方法。

任务描述

本次任务的主要内容是在掌握安防技术中防盗报警系统的一些重要的基本概念的基础上,练习设计、安装与调试八防区防盗报警系统,重点是掌握 CC408 主机的编程方法。

任务分析

1. 任务概况

采用八防区防盗报警主机、键盘、声光警报器、门磁探测器、红外幕帘探测器、红外对射探测器、求助按钮等设备,安装一个八防区防盗报警系统,通过系统编程,可实现入侵报警、设置报警类型、设置防区类型等功能,可对八个布防区域进行报警、监控等。

其中,第 1 防区接红外幕帘探测器,第 2 防区接红外幕帘探测器,第 3 防区接红外对射探测器,第 4 防区接红外对射探测器,第 5 防区接窗磁,第 6 防区接门磁,第 7 防区接门磁,第 8 防区接紧急按钮。

2. 设备清单

本次任务设备清单见表 3-1。

表 3-1 设备清单

序　　号	设 备 名 称	单　　位	数　　量
1	八防区防盗报警主机	台	1
2	控制键盘	个	1
3	红外幕帘探测器	个	2

续表

序 号	设 备 名 称	单 位	数 量
4	红外对射探测器	对	2
5	门磁	对	2
6	窗磁	对	1
7	求助按钮	个	1
8	声光警号	个	1

3. 系统框图

八防区防盗报警系统框图如图 3-1 所示。

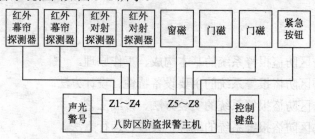

图 3-1　八防区防盗报警系统框图

任务实施

1. 信息查询

根据"信息查询表"，以小组为单位，查询并归纳总结本次任务的核心知识点。"信息查询表"见表 3-2。

表 3-2　信息查询表

《智能楼宇安防系统设计与施工》——信息查询（占总评 20%）				
任务编号：学习情境 3 任务 1	任务名称：设计与施工八防区防盗报警系统		得分：	
班级：	组号：	小组成员：		
序号	核心知识点	查 询 结 果	分值	得分
1	"防区"的概念是什么？请准确描述		4	
2	对"即时防区"、"延时防区"、"24 h 防区"的概念进行描述，并指出通常在什么情况下使用该类型防区		4	
3	对"防区脉冲次数"、"防区脉冲时间"的概念进行描述		3	

《智能楼宇安防系统设计与施工》——信息查询（占总评20%）				
任务编号：学习情境3任务1		任务名称：设计与施工八防区防盗报警系统	得分：	
班级：	组号：	小组成员：		
序号	核心知识点	查 询 结 果	分值	得分
4	对"进入延时1"、"进入延时2"、"退出延时"的概念进行描述，并指出设置两种进入延时的意义何在		3	
5	"线尾电阻"起到什么作用？工程上对线尾电阻的安装位置有什么特别的要求？为什么		3	
6	对于未使用到的防区，应采取什么方法处理		3	

2. 制订计划

根据"制订计划表"，以组为单位，制订实施本次任务的工作计划表。"制订计划表"见表3-3。

表3-3　制订计划表

《智能楼宇安防系统设计与施工》——制订计划（占总评20%）				
任务编号：学习情境3任务1		任务名称：设计与施工八防区防盗报警系统	得分：	
班级：	组号：	小组成员：		
序号	计 划 内 容	具体实施计划	分值	得分
1	人员分工		1	
2	耗材预估		2	
3	工具准备		1	
4	时间安排		1	
5	绘制详细接线端子图		6	
6	设备安装布局		2	
7	接线、布线工艺		2	
8	调试步骤		3	
9	注意事项		2	

3. 任务施工

（1）根据"制订计划表"，参照接线图，安装、接线八防区防盗报警系统。注意切勿将AC 220V电源引入直流用电设备。接线完毕后，需仔细重复检查，确保无误后方可通电进行调试。八防区防盗报警系统接线如图3-2所示。

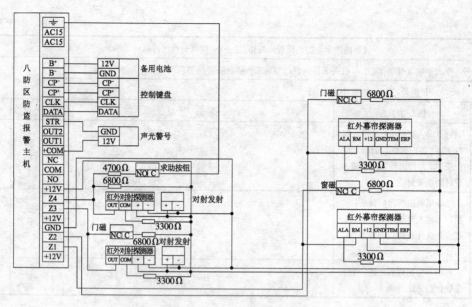

图 3-2 八防区防盗报警系统接线图

（2）按照表 3-4 设置八防区防盗报警系统的防区类型及报警模式，并进行测试检验。

表 3-4 防区类型及报警模式

防 区	名 称	说 明
防区 1	防区类型	延时 1 防区
	防区脉冲计数	未用
	防区脉冲计数时间	未用
	进入延时	20 s
	退出延时	10 s
防区 2	防区类型	延时 2 防区
	防区脉冲计数	未用
	防区脉冲计数时间	未用
	进入延时	10 s
	退出延时	10 s
防区 3	防区类型	即时防区
	防区脉冲计数	2 次
	防区脉冲计数时间	4 s
	进入延时	未用
	退出延时	未用
防区 4	防区类型	延时 1 防区
	防区脉冲计数	3 次
	防区脉冲计数时间	5 s
	进入延时	20 s
	退出延时	10 s

防　区	名　称	说　明
防区5	防区类型	24 h防盗报警防区
	防区脉冲计数	未用
	防区脉冲计数时间	未用
	进入延时	未用
	退出延时	未用
防区6	防区类型	延时二防区
	防区脉冲计数	未用
	防区脉冲计数时间	未用
	进入延时	10 s
	退出延时	10 s
防区7	防区类型	延时一防区
	防区脉冲计数	未用
	防区脉冲计数时间	未用
	进入延时	20 s
	退出延时	10 s
防区8	防区类型	24 h紧急防区
	防区脉冲计数	未用
	防区脉冲计数时间	未用
	进入延时	未用
	退出延时	未用

（3）注意事项如下：

① 注意人身安全。

② 注意用电安全。

③ 注意爱护设备。

④ 注意节约耗材。

⑤ 注意保持卫生。

（4）施工打分。根据"施工打分表"对每个小组的任务施工情况进行打分。"施工打分表"见表3-5。

4．汇报总结

每个小组根据本组任务完成情况进行PPT汇报总结，各个小组点评员根据"PPT汇报表"对汇报小组的PPT内容、制作及汇报演讲情况进行评价、打分。"PPT汇报表"见表3-6。

表 3-5　施工打分表

序号	打分方面	具体要求	分值	得分
		《智能楼宇安防系统设计与施工》——施工打分（占总评 50%）		
	任务编号：学习情境 3 任务 1	任务名称：设计与施工八防区防盗报警系统	得分：	
	班级：　　　　组号：	小组成员：		
1	工艺要求（12 分）	设备安装牢固无松动	2	
		设备安装整齐无歪斜	2	
		位置布放合理	2	
		布线平、直，无斜拉和翘起	2	
		合理使用线槽	2	
		线端镀锡，线头无分岔	2	
2	功能要求（30 分）	防区 1 编程设置正确	2	
		防区 1 测试方法正确	2	
		防区 2 编程设置正确	2	
		防区 2 测试方法正确	2	
		防区 3 编程设置正确	2	
		防区 3 测试方法正确	2	
		防区 4 编程设置正确	2	
		防区 4 测试方法正确	2	
		防区 5 编程设置正确	1	
		防区 5 测试方法正确	1	
		防区 6 编程设置正确	2	
		防区 6 测试方法正确	2	
		防区 7 编程设置正确	2	
		防区 7 测试方法正确	2	
		防区 8 编程设置正确	2	
		防区 8 测试方法正确	2	
3	职业素养（8 分）	工位整洁，工具摆放有序	2	
		节约耗材，爱护设备	2	
		注意人身安全，用电符合规范，穿劳保服装	2	
		组员团结协作，遵守劳动纪律	2	

表3-6　PPT 汇报表

《智能楼宇安防系统设计与施工》——PPT 汇报（占总评10%）

任务编号：学习情境3任务1		任务名称：设计与施工八防区防盗报警系统							得分：	
班级：		组号：	小组成员：							
序号	打分方面	具 体 要 求	分值	第1小组打分	第2小组打分	第3小组打分	第4小组打分	第5小组打分	第6小组打分	
1	专业能力（2分）	汇报人是否熟悉相关专业知识	1							
		汇报人是否对相关专业知识有独到见解	1							
2	方法能力（3分）	PPT 制作技术是否熟练	1							
		PPT 所用信息是否丰富、有用	1							
		PPT 内图样是否用专业工具正确绘制	1							
3	社会能力（5分）	汇报人语言表达能力如何	1							
		汇报人是否声音洪亮、清晰	1							
		汇报人是否镇定自若、不紧张	1							
		汇报人是否与观众有互动	1							
		汇报是否有创新精神	1							
	各小组打分合计									
	该小组平均得分									

任务总评

根据"信息查询表""制订计划表""施工打分表"和"PPT 汇报表"的打分情况，综合评定小组本次任务的总评成绩，记录于"任务总评表"中。"任务总评表"见表3-7。

表3-7　任务总评表

《智能楼宇安防系统设计与施工》——任务总评（总分100分）

任务编号：学习情境3任务1		任务名称：设计与施工八防区防盗报警系统		得分：	
班级：	组号：	小组成员：			
序号	评 价 项 目	主 要 考 察 方 面		分值	得分
1	信息查询表	（1）核心知识点掌握程度；（2）信息检索能力；（3）文字组织能力		20	
2	制订计划表	（1）设计能力；（2）绘图能力；（3）计划制订能力		20	

续表

《智能楼宇安防系统设计与施工》——任务总评（总分100分）				
任务编号：学习情境3任务1		任务名称：设计与施工八防区防盗报警系统	得分：	
班级：	组号：	小组成员：		
序号	评价项目	主要考察方面	分值	得分
3	施工打分表	（1）安装、接线、调试、排故技能； （2）团队协作能力； （3）职业素养	50	
4	PPT汇报表	（1）创新能力； （2）语言表达及交流能力； （3）PPT制作技能	10	

相关知识

1．八防区防盗报警系统简介

防区是报警主机的最基本特征，是前端探测器与报警控制主机的连接端口，是能区分报警事件的最小空间单位。一个防区可以是一个探测器，也可以是一个空间区域内的多个探测器，而反映在主机上，则是一个接口。八防区就是指该主机具有8个这样的接口。

八防区防盗报警系统的八个防区可以是红外探测器、门磁、紧急求助按钮、防拆开关、烟感探测器、燃气探测器、震动探测器、玻璃破碎探测器等各种形式的开关量探测器，系统构成如图3-3所示。

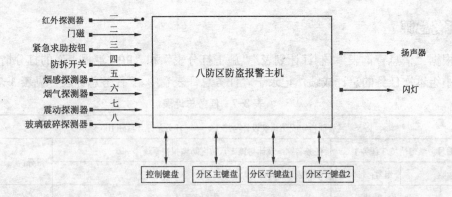

图3-3 八防区防盗报警系统构成

BOSCH 防盗报警系统被世界各国的用户一致公认为是最先进及适应范围最广的防盗系统。下面我们以 BOSCH 八防区防盗报警系统为例，详细讲述防盗报警系统的构建方法。

2．八防区防盗报警系统主要设备器材

1）八防区防盗报警主机

BOSCH 八防区防盗报警主机 CC408 有 8 个基本防区，每个防区可扩展多个探测器。

CC408 具有警铃切断报警功能、电话线切断报警功能、语音报警功能、误码报警锁定键盘功能、应急报警功能、防胁持报警功能、系统故障自检功能、数据断电记忆功能等，可储存 40 个报警事件，支持多种报警格式。CC408 防盗报警主机的外观如图 3-4 所示。

2）控制键盘

键盘是用户与报警系统间的通信桥梁。用户可通过键盘发布命令，键盘则在用户的整个操作过程中提供可视显示和有声提示。控制键盘带标有数字的防区指示灯，这些指示灯用于显示各个防区的状态，另外 4 个指示灯用于显示工作状态。控制键盘的外观如图 3-5 所示。

图 3-4　CC408 防盗报警主机的外观　　　　图 3-5　控制键盘的外观

3）红外对射探测器

红外对射探测器通电后，发射端发出红外信号给接收端，接收端进行接收，形成了红外对射。当红外对射探测器的发射端和接收端中间有遮挡物时，接收端有继电器动作，报警指示灯亮，探测器进入触发报警状态。红外对射探测器的外观如图 3-6 所示。

红外对射探测器属于遮断式主动红外线探测报警装置，它由一个红外线发射器和一个红外线接收器组成，发射器与接收　　图 3-6　红外对射探测器的外观
器以相对方式布置。当有人从门窗进入而挡住了不可见的红外线，即引发报警。为了提高其可靠性，防止罪犯可能利用另一个红外光束来瞒过探测器，探测用的红外线必须先调制到特定的频率再发送出去，而接收器也必须配有相位和频率鉴别的电路来判断光束的真假。其电路组成框图如图 3-7 所示。这种报警器是本身主动发出红外线的，故属于主动式红外线探测器。它适用于各种布防范围大的场合使用。

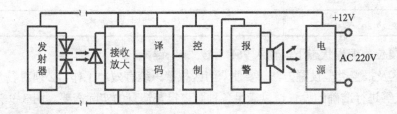

图 3-7　主动红外探测器电路组成框图

红外对射探测器设有防拆开关装置，而大部分探测器都安装有防拆开关用以防拆。防拆

开关通常是一个常闭开关，以弹片触点的形式安装于被保护设备的外壳。当外壳装上后开关会被压住，两个防拆触点就会接通；如果外壳被打开，防拆触点就会立即断开，防拆开关的常闭信号变为常开信号，触发报警。

4）声光报警器

声光报警器又叫声光警号，是为了满足客户对报警响度和亮度的特殊要求而设置的报警装置，同时发出声、光两种警报信号。声光警号的外观如图3-8所示。

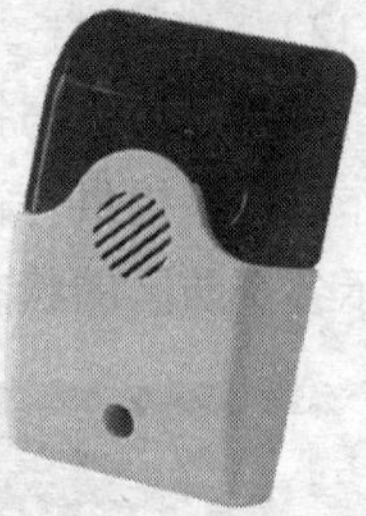

图3-8　声光警号的外观

3．八防区防盗报警系统的操作运行

1）CC408的编程与操作方法

（1）基本编程操作：

① 进入编程：1234+[#]。

② 退出编程：960+[#]。

③ 正常布防：按住"#"键直至听到两声鸣音，或者输入用户密码后按"#"键。例如，输入2580后按"#"键。

④ 正常撤防：输入用户密码后按"#"键。例如，输入2580后按"#"键。

⑤ 日期/时间设置：输入主码→按"6"键→按"#"键，再输入"日(DD)+月(MM)+年(YY)+时(HH)+分(MM)"，按"#"键退出。

⑥ 故障分析：按住"5"键直至听到两声鸣音，防区LED指示灯将显示故障状态，见表3-8，按"#"键退出。

表3-8　故障状态指示

防区指示灯	故　障
1	电池电压低
2	日期/时间复位
3	探测器检查故障
4	警铃故障
5	电话线故障
6	EPPROM故障
7	熔丝故障
8	通信故障

⑦ 系统复位：编程状态下，输入961后按"#"键。

（2）防区及报警类型设置方法。要使八防区报警系统有效地工作，必须对各个防区的类型及报警模式等进行准确的设置，以满足各种防盗报警情景的实际需要。图3-9为八防区地址值及预设值。

由图3-9可知，每个防区可设置"防区类型"、"脉冲数"、"脉冲时间"、"防区选项"、"拨号选项"等参数，每个框内为系统默认预设置。

地址	267	268	269	270	271	272	273
防区#01	2	0	0	1	14	1	1
(默认设置=延时防区1)	防区类型	防区脉冲计数	防区脉冲计数时间	防区选项1	防区选项2	报告代码	拨号器选项
地址	274	275	276	277	278	279	280
防区#02	1	0	0	1	14	1	1
(默认设置=传递防区)	防区类型	防区脉冲计数	防区脉冲计数时间	防区选项1	防区选项2	报告代码	拨号器选项
地址	281	282	283	284	285	286	287
防区#03	1	0	0	1	14	1	1
(默认设置=传递防区)	防区类型	防区脉冲计数	防区脉冲计数时间	防区选项1	防区选项2	报告代码	拨号器选项
地址	288	289	290	291	292	293	294
防区#04	1	0	0	1	14	1	1
(默认设置=传递防区)	防区类型	防区脉冲计数	防区脉冲计数时间	防区选项1	防区选项2	报告代码	拨号器选项
地址	295	296	297	298	299	300	301
防区#05	0	0	0	1	14	1	1
(默认设置=即时防区)	防区类型	防区脉冲计数	防区脉冲计数时间	防区选项1	防区选项2	报告代码	拨号器选项
地址	302	303	304	305	306	307	308
防区#06	0	0	0	1	14	1	1
(默认设置=即时防区)	防区类型	防区脉冲计数	防区脉冲计数时间	防区选项1	防区选项2	报告代码	拨号器选项
地址	309	310	311	312	313	314	315
防区#07	0	0	0	1	14	1	1
(默认设置=即时防区)	防区类型	防区脉冲计数	防区脉冲计数时间	防区选项1	防区选项2	报告代码	拨号器选项
地址	316	317	318	319	320	321	322
防区#08	9	0	0	1	12	1	1
(默认设置=24 h 防拆区)	防区类型	防区脉冲计数	防区脉冲计数时间	防区选项1	防区选项2	报告代码	拨号器选项

图 3-9　八防区地址及预设值

① 设置防区类型。如表 3-9 所示，根据数值不同，防区类型可分为"即时防区"、"延时防区"、"24 h 防区"等类型。

表 3-9　防 区 类 型

数 码	防 区 类 型	数 码	防 区 类 型
0	即时防区	8	24 小时胁持防区
1	传递防区	9	24 小时防拆防区
2	延时 1 防区	10	备用
3	延时 2 防区	11	钥匙开关防区
4	备用	12	24 h 盗警防区
5	备用	13	24 h 火警防区
6	24 h 救护防区	14	门铃防区
7	24 h 紧急防区	15	未使用

即时防区指在系统布防后被触发会立即报警，没有延时时间，常用于玻璃破碎探测器。
延时防区也称出入防区，指在布防后系统会为出、入防区提供一定的延时。如布防后离

开防区，会有一段退出延时，退出延时结束后，触发延时防区系统报警；在进入布防防区后，触发延时防区，有一段进入延时，控制器会在进入延时后发出蜂鸣，作为撤防系统的提示信号，用户必须在设定的进入延时时间内对系统撤防，否则系统会报警。延时防区常用于红外幕帘探测器、门磁等。

24 h 防区指不需要布防，24 h 都处于可触发报警状态，常用于紧急按钮、烟感探测器、燃气探测器等。

② 脉冲响应次数设置。脉冲响应次数是指系统在一定时间内接收到某防区报警多少次后才触发警报，可设置为 0～15。

③ 脉冲计数时间设置，指系统报警所需触发脉冲计数的时间段。表 3-10 为时间数对应的编程码。

表 3-10 脉冲时间设置表

20 ms 回路回应时间		150 ms 反应时间	
防区脉冲计数时间		防区脉冲计数时间	
0	0.5 s	8	20 s
1	1 s	9	30 s
2	2 s	10	40 s
3	3 s	11	50 s
4	4 s	12	60 s
5	5 s	13	90 s
6	10 s	14	120 s
7	15 s	15	200 s

④ 设置进入延时时间 1：

地址 398，单位增加值为 1 s(0～15 s)；

地址 399，单位增加值为 16 s(0～240 s)。

⑤ 设置进入延时时间 2：

地址 400，单位增加值为 1 s(0～15 s)；

地址 401，单位增加值为 16 s(0～240 s)。

⑥ 设置退出延时时间

地址 402，单位增加值为 1 s(0～15 s)；

地址 403，单位增加值为 16 s(0～240 s)。

2）控制键盘的操作方法

控制键盘指示灯设置如表 3-11 所示，通过各种灯的组合来指示各种数据值。

表 3-11 控制键盘指示灯列表

数据数值	防区 1 指示灯	防区 2 指示灯	防区 3 指示灯	防区 4 指示灯	防区 5 指示灯	防区 6 指示灯	防区 7 指示灯	防区 8 指示灯	MAINS 指示灯
0									
1	√								

续表

数据数值	防区 1 指示灯	防区 2 指示灯	防区 3 指示灯	防区 4 指示灯	防区 5 指示灯	防区 6 指示灯	防区 7 指示灯	防区 8 指示灯	MAINS 指示灯
2		✓							
3			✓						
4				✓					
5					✓				
6						✓			
7							✓		
8								✓	
9	✓							✓	
10									✓
11	✓								✓
12		✓							✓
13			✓						✓
14				✓					✓
15					✓				✓

下面介绍各种工作状态及相应的指示灯变化。

（1）防区指示灯。ZONE 防区指示灯用于显示各个防区状态，如表 3-12 所示。

表 3-12　防区指示灯

指 示 灯	说 明
亮启	防区未准备好布防
熄灭	防区已准备好布防
快速闪亮（每 0.25 s 变换一次）	防区在报警
慢速闪亮（每 1 s 变换一次）	防区被手动旁路

旁路指在布防时使某个或某些防区不加入布防。

（2）AWAY 指示灯。AWAY 指示灯用于显示系统正常布防，如表 3-13 所示。

表 3-13　AWAY 指示灯

指 示 灯	说 明	指 示 灯	说 明
亮启	系统为正常布防	熄灭	系统不是正常布防

在处于安装员编程模式或使用主码功能时，AWAY 指示灯还将与 STAY 指示灯一同闪烁。

（3）STAY 指示灯。STAY 指示灯用于显示系统处于周界布防状态 1 或 2，如表 3-14 所示。

表 3-14　STAY 指示灯

指 示 灯	说 明
亮启	在周界布防状态 1 或 2 下布防系统
熄灭	系统没有在周界布防状态下布防
闪烁	防区旁路模式或正在设置周界布防状态 2 下的防区
每 3 min 一次	日间报警状态开/关指示灯

在处于安装员编程模式或使用主码功能时，STAY 指示灯还将与 AWAY 指示灯一同闪烁。

（4）MAINS 指示灯。MAINS 指示灯用于显示系统的交流电供电是否正常，如表 3-15 所示。

表 3-15　MAINS 指示灯

指 示 灯	说　　明	指 示 灯	说　　明
亮启	交流电正常	熄灭	交流电中断

（5）FAULT 指示灯。FAULT 指示灯用于显示系统已探测到的故障，如表 3-16 所示。

表 3-16　FAULT 指示灯

指 示 灯	说　　明	指 示 灯	说　　明
亮启	有系统故障需要排除	闪烁	有系统故障等待确认
熄灭	系统正常，无故障		

每次探测到新的系统故障时（如 FAULT 指示灯闪烁），键盘将会每分钟鸣叫一次。按一次 "AWAY" 键，将会确认故障（如 FAULT 指示灯亮启），取消鸣叫。

（6）声音提示。一般情况下，键盘会发出声音提示，如表 3-17 所示。

表 3-17　声 音 提 示

指 示 灯	说　　明
一声短鸣	按动了一个键盘按键，或在周界布防状态 1 或 2 按下布防时，退出时间已到
两声短鸣	系统已接受了密码
三声短鸣	所需功能已执行
一声长鸣	正常布防的退出时间已到，或所需操作被拒绝或已失败
每秒一声短鸣	步测模式已激活或出现自动布防前的提示
每分钟一声短鸣	有一系统故障在等待确认

3）线尾电阻

八防区防盗报警系统的接线过程要特别注意线尾电阻（End of Line，EOL）的使用方法，CC408 采用线尾电阻进行防区的区分，如图 3-10 所示。

线尾电阻根据生产厂家的不同或者回路的不同，阻值也不一样。本系统典型阻值根据回路及探测器的不同，选择 3 300 Ω 和 6 800 Ω 两种阻值。线尾电阻回路的特点是回路终端接入电阻，在布防状态下，当回路出现短路或断路情况时，会产生报警信号。

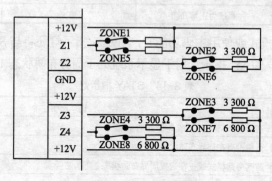

图 3-10　线尾电阻

线尾电阻必须安装在线路的末端，也就是探测器上。当探测器为常闭量时，线尾电阻串接进电路；当探测器为常开量时，线尾电阻并接进电路；当该防区未用时，仍需要安装适当阻值的线尾电阻，否则防区会误报警。

报警主机通过检测防区阻值变化来判断该防区是否有报警信息，当探测器报警后，报警主机会检测到电阻的改变，于是产生报警信号。当人为剪断或者短路线尾电阻时，也会发出报警信号。图 3-11 为线尾电阻的接法。

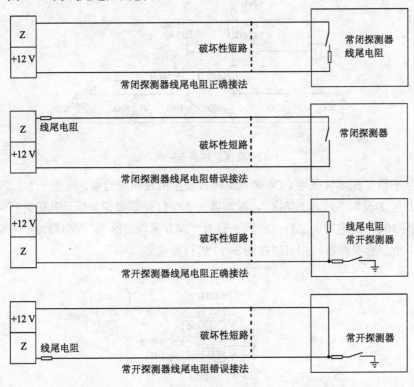

图 3-11　线尾电阻的接法

在实际工程中，很多施工人员会忽视线尾电阻的作用及正确安装的重要性，为减少工作量，把线尾电阻安装在报警主机内，导致不法分子可以通过短路探测端的方法，达到瘫痪前端探测器的目的，使工程存在巨大的安全隐患，所以必须采用正确的线尾电阻安装方法。

4）防区的扩展

CC408 每个防区可以管理多个报警探测器，当其中某个探测器被触发报警时，该防区即发出报警信号。防区进行探测器扩展安装时，须遵循的原则如下：

（1）常闭探测器串接进电路。

（2）常开探测器并接进电路。

（3）当接 4.7 kΩ 电阻时，常开探测器默认归属于第 5、6、7、8 防区；当接 1.5 kΩ 电阻时，常开探测器默认归属于第 1、2、3、4 防区。

（4）当需要 12 V 供电的探测器较多时，应使用外部电源供电。

（5）防区未使用时，可接入相应线尾电阻，屏蔽该防区。

八防区防盗报警系统防区扩展基本接线方法如图 3-12 所示。

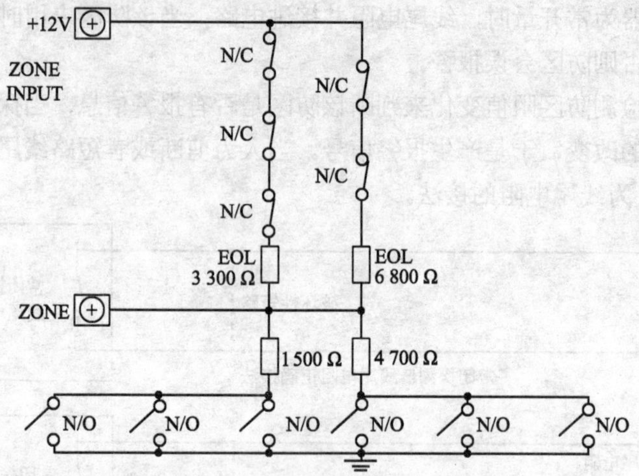

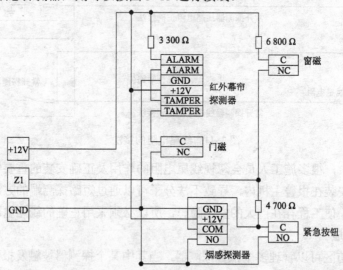

图 3-12　防区扩展基本接线方法

例如，某小型工程项目采用 CC408 八防区报警主机及相应设备，构建一个二防区报警系统。要求：防区 1 设为"延时 1 防区"，探测器为 1 个红外幕帘探测器及其防拆开关、1 个门磁，进入时间 30 s，退出时间 20 s；防区 5 设为"24 h 紧急防区"，探测器为 1 个窗磁、1 个紧急按钮、1 个烟感探测器，则可以按图 3-13 进行接线。

图 3-13　二防区报警系统接线图示例

思考与练习

1. 八防区防盗报警系统中，常开探测器和常闭探测器在接线中有什么区别？

2. 什么是旁路？旁路的目的是什么？

3. 八防区防盗报警系统采用什么办法防拆？试举例说明。

任务2 设计与施工大型防盗报警系统

任务目标

（1）掌握大型防盗报警系统的基本构成、工作原理。

（2）掌握大型防盗报警系统的主要设备特性、设计方法。

（3）掌握大型防盗报警系统的安装方法、接线工艺。

（4）掌握大型防盗报警系统的编程、设置、运行方法。

任务描述

本次任务的主要内容是练习设计、安装与调试大型防盗报警系统，重点是掌握 DS7400 大型防盗报警主机的编程方法。

任务分析

1. 任务概况

采用大型防盗报警主机、键盘、声光警号、门磁、红外幕帘探测器、红外对射探测器、求助按钮、总线驱动器、八输入扩展模块等设备，构建一个总线形式的大型防盗报警系统，通过系统编程，可实现设置报警类型、设置防区类型等功能，从而实现入侵报警功能。

其中，大型防盗报警主机的第 9 防区接红外幕帘探测器，第 10 防区接红外对射探测器，第 11 防区接门磁，第 12 防区接紧急按钮。

2. 设备清单

本次任务的设备清单见表 3-18。

表 3-18 设 备 清 单

序 号	设 备 名 称	单 位	数 量
1	大型防盗报警主机	台	1
2	八输入扩展模块	个	1
3	控制键盘	个	1
4	总线驱动器	个	1
5	门磁	对	1
6	求助按钮	个	1
7	红外对射探测器	对	1
8	红外幕帘探测器	个	1
9	声光警号	个	1

3. 系统框图

大型防盗报警系统框图如图 3-14 所示。

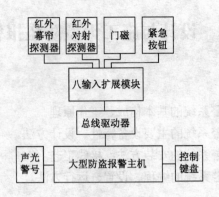

图 3-14　大型防盗报警系统框图

任务实施

1. 信息查询

根据"信息查询表",以小组为单位,查询并归纳总结本次任务的核心知识点。"信息查询表"见表 3-19。

表 3-19　信息查询表

《智能楼宇安防系统设计与施工》——信息查询（占总评 20%）				
任务编号：学习情境 3 任务 2	任务名称：设计与施工大型防盗报警系统		得分：	
班级：	组号：	小组成员：		
序号	核 心 知 识 点	查 询 结 果	分值	得分
1	作为总线式大型防盗报警主机, DS7400 可以使用哪些防区扩展模块? 举例说明		4	
2	DS7400 通过什么设备与各种防区扩展模块进行通信? 总线通常要求采用什么类型的线		4	
3	DS7400 自带几个防区? 可扩展几个防区		4	
4	自带防区线尾电阻为多少? 扩展防区线尾电阻为多少		4	
5	DS7432 八输入扩展模块依照什么规则占用 DS7400 报警主机防区号? 硬件上如何实现		4	

2. 制订计划

根据"制订计划表",以组为单位,制订实施本次任务的工作计划表。"制订计划表"见表 3-20。

表 3-20　制订计划表

《智能楼宇安防系统设计与施工》——制订计划（占总评 20%）				
任务编号：学习情境 3 任务 2	任务名称：设计与施工大型防盗报警系统		得分：	
班级：	组号：	小组成员：		
序号	计划内容	具体实施计划	分值	得分
1	人员分工		1	
2	耗材预估		2	
3	工具准备		1	
4	时间安排		1	
5	绘制详细接线端子图		6	
6	设备安装布局		2	
7	接线、布线工艺		2	
8	调试步骤		3	
9	注意事项		2	

3. 任务施工

（1）根据"制订计划表"，参照接线图，安装、接线大型防盗报警系统。注意切勿将 AC 220V 电源引入直流用电设备。接线完毕后，需仔细重复检查，确保无误后方可通电进行调试。大型防盗报警系统接线如图 3-15 所示。

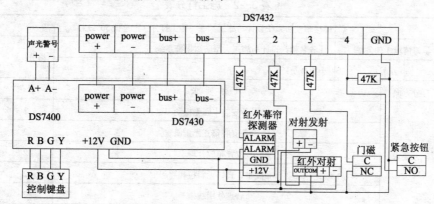

图 3-15　大型防盗报警系统接线图

（2）按照表 3-21 设置大型防盗报警系统的防区类型及报警模式，并进行测试检验。

表 3-21　防区类型及报警模式

防 区	名 称	说 明
防区 9	防区类型	延时 1 防区
	进入延时	20 s
	退出延时	10 s
防区 10	防区类型	延时 2 防区

防 区	名 称	说 明
防区 10	进入延时	10 s
	退出延时	10 s
防区 11	防区类型	即时防区
	进入延时	未用
	退出延时	未用
防区 12	防区类型	24 h 防区
	进入延时	未用
	退出延时	未用

（3）注意事项如下：

① 注意人身安全。

② 注意用电安全。

③ 注意爱护设备。

④ 注意节约耗材。

⑤ 注意保持卫生。

（4）施工打分。根据"施工打分表"对每个小组的任务施工情况进行打分。"施工打分表"见表 3-22。

表 3-22　施工打分表

《智能楼宇安防系统设计与施工》——施工打分（占总评 50%）				
任务编号：学习情境 3 任务 2		任务名称：设计与施工大型防盗报警系统	得分：	
班级：	组号：	小组成员：		
序号	打分方面	具 体 要 求	分值	得分
1	工艺要求 （12 分）	设备安装牢固无松动	2	
		设备安装整齐无歪斜	2	
		位置布放合理	2	
		布线平、直，无斜拉和翘起	2	
		合理使用线槽	2	
		线端镀锡，线头无分岔	2	
2	功能要求 （30 分）	防区 9 编程设置正确	4	
		防区 9 测试方法正确	4	
		防区 10 编程设置正确	4	
		防区 10 测试方法正确	4	
		防区 11 编程设置正确	4	
		防区 11 测试方法正确	4	
		防区 12 编程设置正确	3	
		防区 12 测试方法正确	3	

续表

《智能楼宇安防系统设计与施工》——施工打分（占总评 50%）				
任务编号：学习情境 3 任务 2		任务名称：设计与施工大型防盗报警系统	得分：	
班级：	组号：	小组成员：		
序号	打分方面	具 体 要 求	分值	得分
3	职业素养 （8分）	工位整洁，工具摆放有序	2	
		节约耗材，爱护设备	2	
		注意人身安全，用电符合规范，穿劳保服装	2	
		组员团结协作，遵守劳动纪律	2	

4. 汇报总结

每个小组根据本组任务完成情况进行 PPT 汇报总结，各个小组点评员根据"PPT 汇报表"对汇报小组的 PPT 内容、制作及汇报演讲情况进行评价、打分。"PPT 汇报表"见表 3-23。

表 3-23　PPT 汇报表

《智能楼宇安防系统设计与施工》——PPT 汇报（占总评 10%）									
任务编号：学习情境 3 任务 2		任务名称：设计与施工大型防盗报警系统				得分：			
班级：		组号：	小组成员：						
序号	打分方面	具体要求	分值	第1小组打分	第2小组打分	第3小组打分	第4小组打分	第5小组打分	第6小组打分
1	专业能力 （2分）	汇报人是否熟悉相关专业知识	1						
		汇报人是否对相关专业知识有独到见解	1						
2	方法能力 （3分）	PPT 制作技术是否熟练	1						
		PPT 所用信息是否丰富、有用	1						
		PPT 内图样是否用专业工具正确绘制	1						
3	社会能力 （5分）	汇报人语言表达能力如何	1						
		汇报人是否声音洪亮、清晰	1						
		汇报人是否镇定自若、不紧张	1						
		汇报人是否与观众有互动	1						
		汇报是否有创新精神	1						
		各小组打分合计							
		该小组平均得分							

任务总评

根据"信息查询表"、"制订计划表"、"施工打分表"和"PPT汇报表"的打分情况，综合评定小组本次任务的总评成绩，记录于"任务总评表"。"任务总评表"见表3-24。

表3-24 任务总评表

《智能楼宇安防系统设计与施工》——任务总评（总分100分）					
任务编号：学习情境3任务2		任务名称：设计与施工大型防盗报警系统		得分	
班级：	组号：	小组成员：			
序号	评价项目	主要考察方面		分值	得分
1	信息查询表	（1）核心知识点掌握程度； （2）信息检索能力； （3）文字组织能力		20	
2	制订计划表	（1）设计能力； （2）绘图能力； （3）计划制订能力		20	
3	施工打分表	（1）安装、接线、调试、排故技能； （2）团队协作能力； （3）职业素养		50	
4	PPT汇报表	（1）创新能力； （2）语言表达及交流能力； （3）PPT制作技能		10	

相关知识

1. 大型防盗报警系统

DS7400大型报警主机系统是博世公司非常成熟的、稳定的产品，具有很强的使用性，被广泛地应用在小区住户及周界报警系统、大楼安保系统，以及工厂、学校、仓储等各类大型安保系统中。可实现计算机管理，并可以方便地与其他安防及消防系统集成。

DS7400报警主机是大型的防盗报警系统，它可与各种防盗探测器及防火探测器相连接。主机板自带8个防区，可扩充240个防区。防区扩充采用两线总线方式，扩充设备的类型有8防区扩展模块DS7432、单防区扩展模块DS7457i、单防区带输出的模块DS7465i、双防区扩展模块DS7460i、DS3MX、DS6MX，以及各种带地址码的红外、门磁、烟感探测器等，可采用DS7430（单总线）或DS7436（双总线）进行总线驱动。大型防盗报警系统配置示意图如图3-16所示。

2. 设备介绍

1）大型防盗报警主机

DS7400大型防盗报警主机自带8个基本防区，通过MUX总线（两芯线）可扩展至248个防区，其中支持112个无线防区。DS7400支持15个键盘（5个无线键盘），可自定义30

种防区类型。DS7400 最多可设置 200 个用户密码，缓存 400 个事件，可选择多种防区扩展模块。

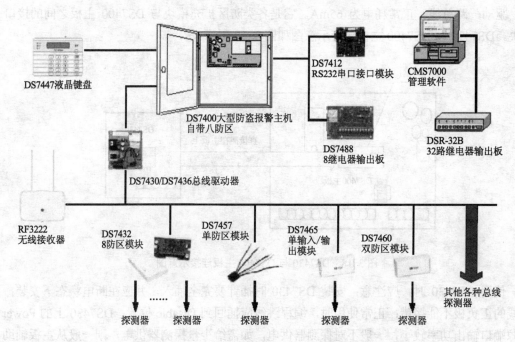

图 3-16 大型防盗报警系统配置示意图

DS7400 具有 3 个基本输出：BELL 警铃输出、OUT1、OUT2，可接 8 路继电器输出模块或 32 路继电器输出模块，可通过 DX4010 接口模块直连计算机，使用 CMS7000 软件管理防盗报警系统。可通过电话接口经 PSTN 联网到接警中心，支持键盘编程和远程遥控编程。DS7400 主板的结构如图 3-17 所示。

图 3-17 DS7400 主板的结构

2）单总线驱动器

DS7430 是 DS7400 使用总线扩充模块时的必选设备之一。它直接安装在 DS7400 的主板上，驱动一路总线，正常耗电为 65mA。它是各类防区扩充模块与 DS7400 主板之间的接口模块。DS7430 与 DS7400 主板连接示意图如图 3-18 所示。

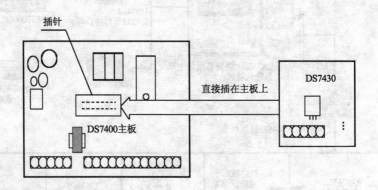

图 3-18　DS7430 与 DS7400 主板连接示意图

使用 DS7430 时，应注意：安装 DS7430 时插针要完全插入，并应在断电状态下安装；总线的正负极不能接错；正常使用时，编程跳线应插回到 Disable 位置；DS7430 上的 Power 电源端口输出功率较小，一般不对探测器供电，如需给少量探测器供电，则一般从主板辅助供电输出口输出，但输出电流不大于 800mA。

3）8 输入扩展模块

DS7432 是一种 8 输入扩展模块，与 DS7400 的总线距离可达 1.6km，DS7400 可带 30 块 DS7432。DS7432 需要 12V 直流电源，可由 DS7400 主机供电，也可单独供电，静态时耗电 10mA。DS7432 通过双总线驱动器与 DS7400 相连，如图 3-19 所示。

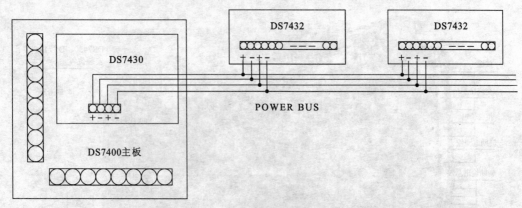

图 3-19　8 输入扩展模块连接图

DS7432 有 8 个防区，即在使用 DS7432 扩充模块时，第 1 个 DS7432 的扩充防区为 9～16 防区，第 2 个扩充防区为 17～24 防区，第 3 个扩充防区为 24～32，……，以此类推。拨动开关与扩充防区的对应关系如表 3-25 所示。

表 3-25   拨动开关与扩充防区的对应关系

序号	扩充防区	DS7432 上拨动开关				
		1	2	3	4	5
1	9～16	Open	Open	Open	Open	Close
2	17～24	Open	Open	Open	Close	Open
3	25～32	Open	Open	Open	Close	Close
4	33～40	Open	Open	Close	Open	Open
⋮	⋮	⋮	⋮	⋮	⋮	⋮
27	217～224	Close	Close	Open	Close	Close
28	225～232	Close	Close	Close	Open	Close
29	233～240	Close	Close	Close	Open	Close
30	241～248	Close	Close	Close	Close	Open

当使用多块 DS7432 模块时，其序号的设置是由 DS7432 上的拨号开关来确定的。需要扩充几个防区，使用几块 DS7432，分配到哪些分区，都应在对 DS7400 编程时预先进行正确设置。

4）液晶键盘

当使用 DS7400 报警系统时，必须要使用液晶键盘 DS7447，DS7400 报警系统可支持 15 个键盘，其中可设主键盘一个（当使用一个键盘时就不必设置主键盘）。当需要分区时，可以用某个键盘控制某一分区，而对某分区进行独立布防/撤防。也可以由主键盘对所有分区同时布防/撤防。这些功能都要求在对 DS7400 进行编程时设定。液晶键盘面板如图 3-20 所示。

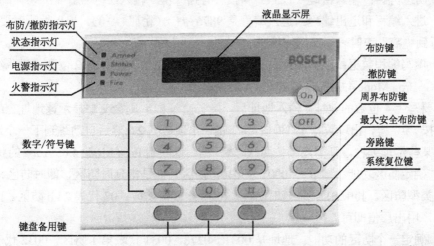

图 3-20   液晶键盘

DS7447 与 DS7400 相连时，第 1 个键盘到第 10 个键盘上的连线接口 RBGY 与 DS7400 主板上的键盘总线接口 RBGY 一一对应相连，而第 11 个键盘到第 15 个键盘与 DS7400 主板的辅助输出总线接口连接。使用键盘时应注意：连接键盘前，必须将键盘的外壳打开，检查电路板上的跳线是否设置正确，使用几个键盘就设定到第几个键盘序号。如果键盘设置不正确，则系统将不能正常工作。液晶键盘与主板的连接如图 3-21 所示。

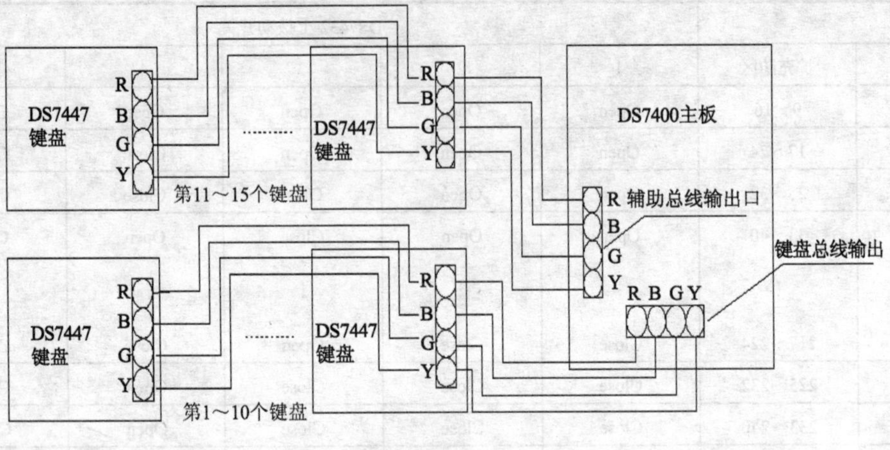

图 3-21　液晶键盘与主板的连接

3．系统操作

编程前确定连线无误。如果是第一次使用 DS7400 主机，则在编程完成前，建议不要将探测器接入主机，只需要将线尾电阻和扩展模块接在主机上即可，将主机调试好后，再将探测器接入防区，这样做如果系统有故障，将有利于判断是主机系统故障还是探测器故障。

（1）正常布防：输入密码（1234）→按"布防"键。

（2）撤防和消警：输入密码（1234）→按"撤防"键。

（3）强制布防：输入密码（1234）→按"布防"键→按"旁路"键。

（4）防区旁路：输入密码（1234）→按"旁路"键→输入防区号。

（5）进入编程和退出编程：进入编程是 9876+#+0（密码+#+0），退出编程时要按"*"键 4 s，听到"嘀"声时表示已退出编程。

（6）填写编程数据：DS7400 主机的编程地址是 4 位数，数据是 2 位数。进入编程后，LCD 显示：Prog Mode 4.05 Adr=DS7400 Adr=。

下面要写上 4 位数的地址。输入地址后，接着输入 21# 则会交替显示该地址上的两位数据；或者按"#"键，出现数据 1；再按"#"键，出现数据 2。然后自动跳到下一个地址。如果需要对某些地址编程，则需连续按两次"*"键，返回到 Prog Mode 4.05 Adr= 的状态。

（7）确定防区功能：地址是 0001～0030，防区功能是指延时防区、即时防区、24 h 防区或其他类型防区。其中 01 代表延时防区，03 代表即时防区，07 代表 24 h 防区。此项一般不用编写，用出厂值即可。

（8）确定一个防区的功能：地址是 0031～0278，0031 代表第 1 防区，0032 代表第 2 防区，以此类推。例如，如果想把第 8 防区设定为即时防区，即可把地址 0038 中的数据改为 03，再按"#"键确认。

（9）防区特性的设置：地址是 0415～0538，0415 代表第 1、2 防区，0416 代表第 3、4 防区，以此类推。数据 1 代表前面一个防区，数据 2 代表后面的一个防区。此类表示防区使用哪种扩充模块。例如，如果使用的防区是主机自带防区或 DS7457i 的扩充防区，则需把数据设定为 0；如果使用的防区是 DS7432 的扩充防区，则需把数据设定为 1。

（10）延时时间设置：进入延时是指在系统布防时，当延时防区被触发后，进入延时时间内，若系统撤防则不报警，若系统不撤防，则在延时时间结束后系统将发生报警。退出延时是系统布防时，在退出延时时间内，若防区被触发（24 h 防区和火警防区除外），则不报警；退出延时结束后，若防区被触发则可以触发报警。

DS7400 的两个数据位表示时间，以 5 s 为单位，输入数据 0～51，可预设 0～255 s 的延时时间。进入延时时间 1 地址为 4028；进入延时时间 2 地址为 4029；退出延时时间地址为4030。例如，4030 地址预设数据为 12，表示退出延时为 60 s。

（11）恢复出厂设置：当完全确信要删除安装人员所编程序时，在编程地址 4058 处输入[0][1][#]后即可立即恢复控制主机的出厂默认值。安装人员所设置的任何程序都将被删除。

思考与练习

1．DS7400 大型防盗报警主机可以扩展哪些模块？

2．在上题扩展模块中，哪些是总线驱动设备，哪些是防区扩展设备，哪些是输出模块，哪些是无线模块，哪些是与上位机通信的模块？

通过对工程案例的实践训练，掌握楼宇视频监控系统的设计、安装、接线、调试与运行的方法，提升 6S 素养。

任务 1 设计与施工基本的视频监控系统

任务目标

（1）掌握基本的视频监控系统的基本构成、主要设备特性。

（2）掌握基本的视频监控系统的安装、接线方法。

（3）掌握基本的视频监控系统的调试、运行方法。

任务描述

本次任务的主要内容是练习设计、安装与调试基本的视频监控系统，重点内容是视频头的制作方法和各类摄像机的安装接线方法。

任务分析

1. 任务概况

采用监视器、半球摄像机、枪式摄像机、镜头、高速球摄像机等设备，安装一个基本的视频监控系统，可正常显示各摄像机的画面，并能实现简单视频信号切换功能。

2. 设备清单

本次任务的设备清单如表 4-1 所示。

表 4-1 设备清单

序 号	设备名称	单 位	数 量
1	监视器	台	1
2	半球摄像机	个	1
3	枪式摄像机	台	1
4	镜头	个	1
5	高速球摄像机	台	1

3. 系统框图

基本的视频监控系统的系统框图如图 4-1 所示。

图 4-1 基本的视频监控系统的系统框图

任务实施

1. 信息查询

根据"信息查询表",以小组为单位,查询并归纳本次任务的核心知识点。"信息查询表"如表 4-2 所示。

表 4-2 信息查询表

《智能楼宇安防系统设计与施工》——信息查询（占总评 20%）				
任务编号：学习情境 4 任务 1	任务名称：设计与施工基本的视频监控系统		得分：	
班级：	组号：	小组成员：		
序号	核心知识点	查 询 结 果	分值	得分
1	监控系统专用的监视器与普通显示器相比，有什么区别		4	
2	半球摄像机、枪式摄像机、高速球摄像机各有什么特点？分别适用于什么场合		4	
3	同轴电缆通常有哪几种规格型号？它们在粗细、阻抗、最大传输距离等方面有什么区别		4	
4	简述 BNC 视频头的基本焊接方法		4	
5	解释专业术语"像素"、"水平清晰度"、"信号制式"		4	

2. 制订计划

根据"制订计划表",以组为单位,制订实施本次任务的工作计划表。"制订计划表"如表 4-3 所示。

表 4-3 制订计划表

《智能楼宇安防系统设计与施工》——制订计划（占总评 20%）				
任务编号：学习情境 4 任务 1	任务名称：设计与施工基本的视频监控系统		得分：	
班级：	组号：	小组成员：		
序号	计 划 内 容	具体实施计划	分值	得分
1	人员分工		1	
2	耗材预估		2	
3	工具准备			

《智能楼宇安防系统设计与施工》——制订计划（占总评20%）

任务编号：学习情境4任务1		任务名称：设计与施工基本的视频监控系统		得分：	
班级：	组号：	小组成员：			
序号	计 划 内 容	具体实施计划		分值	得分
4	时间安排			1	
5	绘制详细接线端子图			6	
6	设备安装布局			2	
7	接线布线工艺			2	
8	调试步骤			3	
9	注意事项			2	

3. 任务施工

（1）根据"制订计划表"，参照接线图4-2，安装基本视频监控系统。

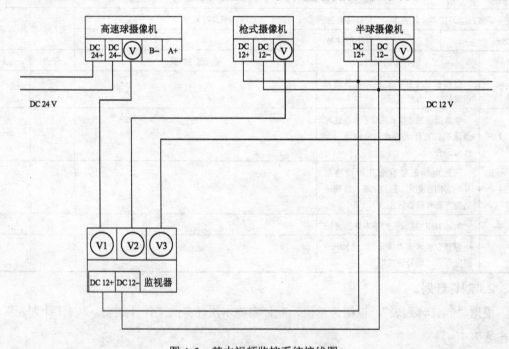

图 4-2　基本视频监控系统接线图

（2）按照以下调试步骤，调试运行基本的视频监控系统。

① 高速球监控画面正常。

② 半球摄像机监控画面正常。

③ 枪式摄像机监控画面正常。

④ 监视器以 3 s 为间隔进行画面切换。

⑤ 通过手动调节枪式摄像机镜头，调整枪式摄像机焦距，使图像清晰。

（3）注意事项如下：

① 注意人身安全。

② 注意用电安全。

③ 注意爱护设备。

④ 注意节约耗材。

⑤ 注意保持卫生。

（4）施工打分。

根据"施工打分表"对每个小组的任务施工情况进行打分。"施工打分表"如表 4-4 所示。

表 4-4　施工打分表

《智能楼宇安防系统设计与施工》——施工打分（占总评 50%）				
任务编号：学习情境 4 任务 1	任务名称：设计与施工基本的视频监控系统		得分：	
班级：	组号：	小组成员：		
序号	打分方面	具 体 要 求	分值	得分
1	工艺要求 （12 分）	设备安装牢固无松动	2	
		设备安装整齐无歪斜	2	
		位置布放合理	2	
		布线平、直，无斜拉和翘起	2	
		合理使用线槽	2	
		线端镀锡，线头无分岔	2	
2	功能要求 （30 分）	高速球摄像机监控画面正常	6	
		半球摄像机监控画面正常	6	
		枪式摄像机监控画面正常	6	
		监视器以 3 s 为间隔进行画面切换	6	
		手动调节枪式摄像机镜头，调整枪式摄像机焦距，使图像清晰	6	
3	职业素养 （8 分）	工位整洁，工具摆放有序	2	
		节约耗材，爱护设备	2	
		注意人身安全，用电符合规范，穿劳保服装	2	
		组员团结协作，遵守劳动纪律	2	

4．汇报总结

每个小组根据本组任务完成情况进行 PPT 汇报总结，各个小组点评员根据"PPT 汇报表"对汇报小组的 PPT 内容、制作及汇报演讲情况进行评价、打分。"PPT 汇报表"如表 4-5 所示。

表 4-5 PPT 汇报表

《智能楼宇安防系统设计与施工》——PPT 汇报（占总评 10%）

任务编号：学习情境 4 任务 1		任务名称：设计与施工基本的视频监控系统						得分：		
班级：	组号：	小组成员：								
序号	打分方面	具 体 要 求	分值	第 1 小组打分	第 2 小组打分	第 3 小组打分	第 4 小组打分	第 5 小组打分	第 6 小组打分
1	专业能力（2分）	汇报人是否熟悉相关专业知识	1						
		汇报人是否对相关专业知识有独到见解	1						
2	方法能力（3分）	PPT 制作技术是否熟练	1						
		PPT 所用信息是否丰富、有用	1						
		PPT 内图样是否用专业工具正确绘制	1						
3	社会能力（5分）	汇报人语言表达能力如何	1						
		汇报人是否声音洪亮、清晰	1						
		汇报人是否镇定自若、不紧张	1						
		汇报人是否与观众有互动	1						
		汇报是否有创新精神	1						
	各小组打分合计								
	该小组平均得分								

任务总评

根据"信息查询表""制订计划表""施工打分表"和"PPT 汇报表"的打分情况，综合评定小组本次任务的总评成绩，记录于"任务总评表"中，任务总评表见表 4-6 所示。

表 4-6 任务总评表

《智能楼宇安防系统设计与施工》——任务总评（总分 100 分）

任务编号：学习情境 4 任务 1		任务名称：设计与施工基本的视频监控系统		得分：	
班级：	组号：	小组成员：			
序号	评价项目	主要考察方面		分值	得分
1	信息查询表	（1）核心知识点掌握程度；（2）信息检索能力；（3）文字组织能力		20	
2	制订计划表	（1）设计能力；（2）绘图能力；（3）计划制订能力		20	

续表

《智能楼宇安防系统设计与施工》——任务总评（总分100分）				
任务编号：学习情境4任务1		任务名称：设计与施工基本的视频监控系统	得分：	
班级：	组号：	小组成员：		
序号	评价项目	主要考察方面	分值	得分
3	施工打分表	（1）安装、接线、调试、排故技能； （2）团队协作能力； （3）职业素养	50	
4	PPT汇报表	（1）创新能力； （2）语言表达及交流能力； （3）PPT制作技能	10	

相关知识

1．视频监控系统的基本构成

视频监控系统采用摄像机对被控现场进行实时监视，能实时、形象、真实地反映被监控的对象，视频监控系统提供了视听效果，极大地提高了管理效率和自动化水平。基本的视频监控系统由枪式摄像机、半球摄像机、高速球摄像机、监视器等设备组成，各设备之间采用同轴电缆进行连接，可以实现基本的视频监控功能。

2．基本的视频监控系统的主要设备

1）监视器

监视器是监控系统的终端设备，被摄物体的图像最终都要在监视器上显现。因此，监视器所表现的各种图像质量，最终可以衡量系统的好坏。图4-3为监视器的外观。

随着彩色CCD（Charge Coupled Device，电荷耦合器件）摄像机普遍使用，彩色监视器的使用也越来越普遍。彩色监视器中最重要的是使用了解码器把彩色全电视信号恢复出亮度信号和红（R）、绿（G）、蓝（B）3色信号，以获得彩色图像。

图4-3 监视器的外观

电视的画面清晰度以水平清晰度作为单位，把电视上的画面以水平方向分割成很多扫描线，分得越细，画面就越清楚，而水平线数的扫描线数量也就越多。清晰度的单位是"电视行（TV Line，TVL）"，又称电视扫描线。彩色监视器的清晰度一般在300～370 TVL之间，其频带宽度一般为6 MHz。

以TCL-MC14型彩色监视器为例，它具有两路AV（BNC）输入、一路S端子输入和两路AV环通（BNC）输出，可视图像对角线尺寸为34 cm。其背面板接线端子如图4-4所示。

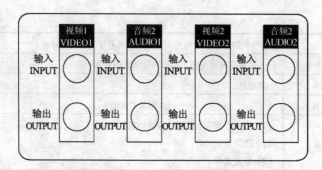

图 4-4   监视器背面板接线端子

2）彩色枪式摄像机及镜头

彩色枪式摄像机适用于景物细部辨别，如辨别衣着或景物的颜色。因为颜色而使信息量增大，其信息量一般认为是黑白摄像机的 4 倍。彩色枪式摄像机的外观如图 4-5 所示。

图 4-5   彩色枪式摄像机的外观

摄像机为枪式结构，利用机身上方或下方的安装位固定在专用监控摄像机支架上。视频输出和电源输入接头在后端盖上，电压配置 DC12 V，在机身上配有 4 孔的自动光圈镜头驱动信号插座。枪式摄像机配置有电平调节电位器，当摄像机配接直流电源驱动的自动光圈镜头时，调节它可使摄像机获得合适的图像效果。LENS 是自动光圈镜头驱动方式切换开关，当开关置于 VIDEO 时配接视频驱动自动光圈镜头；当开关置于"DC"时配接直流驱动自动光圈镜头。其外形和接线部件如图 4-6 所示。

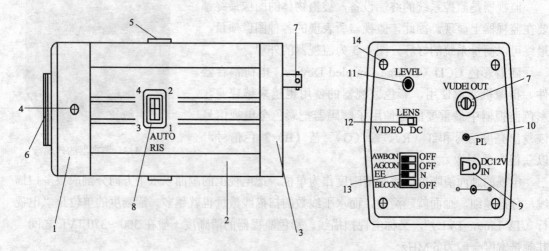

图 4-6   枪式摄像机外形和接线部件

1—前端头；2—机身；3—后端盖；4—CS 接圈固定螺钉；5—摄像机支架安装位；6—光学镜头安装座；
7—视频信号输出接头；8—自动光圈镜头驱动信号插座；9—电源输入接口（DC 12 V）；10—电源指示灯；
11—电平调节电位器；12—自动光圈驱动方式切换开关；13—功能切换开关；14—固定螺钉

镜头是闭路电视监控系统中必不可少的部件，枪式摄像机必须配合光圈镜头使用，将远距离目标成像在摄像机的 CCD 靶面上。根据环境，通过调节光圈的焦距，可获得更清晰的画面。镜头的外观如图 4-7 所示。

3）半球摄像机

半球摄像机是根据外形命名的，原理上和枪式摄像机相同，只是形态不同，实际上就是"摄像机机板+镜头+外壳"，一般用于室内吸顶式安装，受外形限制，一般镜头焦距不会超过 20 mm，监控距离较短。半球摄像机的外观如图 4-8 所示。

半球摄像机在民用领域的应用相比枪式摄像机有一定的市场，半球摄像机因其美观的外形和较好的隐蔽性能广泛应用在银行、酒店、写字楼、商场、地铁、电梯轿厢等需要监控、讲究美观、注重隐蔽的场所。

图 4-7　镜头的外观

图 4-8　半球摄像机的外观

整体来说，枪式摄像头可扩展性更高，半球摄像头更加美观隐蔽，民用监控对摄像头要求并不是较高的场所常选择半球摄像机。

4）高速球摄像机

高速球摄像机是一种智能化摄像机，全名为高速智能化球型摄像机，简称高速球。高速球是监控系统最复杂和综合表现效果最好的摄像机前端，制造复杂、价格昂贵，能够适应高密度、高复杂性的监控场合。

球型云台具有变速可靠、能 360° 水平连续旋转、自动扫描、自动巡航、定位等功能，常用于对大面积区域的监控。

球型云台配合一体化摄像机使用，即把一体化摄像机安装在球型云台里，通过内部的云台转动，带动一体化摄像。硬盘录像机通过 RS-485 总线控制云台的上、下、左、右、水平连续旋转，控制云台做自动扫描、自动巡航和摄像机的调焦等动作。

高速球摄像机的外观如图 4-9 所示。

5）视频线

视频线具有屏蔽信号干扰的功能。在电视监控系统中，传输方式主要根据传输距离的远近、摄像机的多少及其他方面的有关要求来确定。一般来说，当各摄像机的安装位置距离监控中心较近时（几百米以内），多采用同轴电缆直接传送；当各摄像机的位置距离监控中心较远时，往往采用射频有线传输或光纤传输方式；当距离远且不需要传送标准动态实时图像时，也可以采用窄带电视技术，用电话线路传输图像。在日常的监控系统中，最常用的是同轴电缆，其外观如图 4-10 所示。

图 4-9　高速球摄像机的外观

图 4-10　视频线的外观

表 4-7 给出了各种型号同轴电缆的常用规格。

表 4-7　各种型号同轴电缆的常用规格

型　号	外径/mm	质量/（kg/km）	衰减/（dB/km）	最大传输距离/m
SYV-75-2	4	30	15	200
SYV-75-3	5.8	50	13	250
SYV-75-5	7.5	78	8	500
SYV-75-7	10.2	140	7	600
SYV-75-9	13.4	230	5	750

本书介绍的视频监控系统，由于摄像机到监视器的距离不是很远，且摄像机的个数不多，因此采用同轴电缆进行传输，其阻抗匹配值为 75 Ω。

根据以上标准，视频线选用 SYV-75-2 同轴电缆。SYV 型电缆特指实心聚乙烯绝缘、聚氯乙烯护套的射频同轴电缆，75 表示该电缆的平均特性阻抗为 75 Ω，2 指电缆的绝缘外径近似值为 2.0 mm。

3. 视频线缆的制作方法

视频头的焊接质量是视频监控系统画面质量的重要保障。制作规范的视频线，抗干扰能力强，能够保证视频信号的传输质量；反之，制作粗糙、质量不合格的视频线将导致视频不清晰甚至无图像。

BNC（Bayonet Nut Connector，刺刀螺母连接器）是一种用于同轴电缆的连接器。因为同轴电缆是一种屏蔽电缆，有传送距离长、信号稳定的优点，目前它还被大量用于通信系统中，在高档的监视器、音响设备中也经常用来传送音频、视频信号。BNC 的外观如图 4-11 所示。

图 4-11　BNC 的外观

一般情况下，通信接收（小信号）往往用平均特性阻抗为 75 Ω 的通信发射（大功率）则用平均特性阻抗为 50 Ω 的。监控系统视频信号属前者，所以用的是平均特性阻抗为 75 Ω。同样规格下，芯线的绝缘层直径一样，但是中心的导体直径却不一样，平均特性阻抗为 50 Ω 的直径要比平均特性阻抗为 75 Ω 的大。

对于插座而言，平均特性阻抗为 50 Ω 的中心导体的孔径要大于平均特性阻抗为 75 Ω 的，也就是平均特性阻抗为 75 Ω 的孔较小。对于插头而言，平均特性阻抗为 50 Ω 的中心导体的直径要大于平均特性阻抗为 75 Ω 的，也就是平均特性阻抗为 75 Ω 的芯较细。所以如果插头与插座的阻抗不配套，除了插入损耗增大以外，还会引起接触不良（如平均特性阻抗为 50 Ω 的座却搭配平均特性阻抗为 75 Ω 的插头），或者引起插入太紧（如平均特性阻抗为 75 Ω 的座搭配平均特性阻抗为 50 Ω 的插头），由此会出现接触不良或容易损坏的情况。

同轴线缆 BNC 的制作步骤如下：

1）剥线

同轴电缆由外向内分别为保护胶皮、金属屏蔽网线（接地屏蔽线）、乳白色透明绝缘层和芯线（信号线），芯线由一根或几根铜线构成，金属屏蔽网线是由金属线编织的金属网，内外层导线之间用乳白色透明绝缘物填充，内外层导线保持同轴，故称为同轴电缆。

剥线时用小刀将同轴电缆外层保护胶皮剥去 1.5 cm，小心不要割伤金属屏蔽线，再将芯线外的乳白色透明绝缘层剥去 0.6 cm，使芯线裸露。

2）装配 BNC

将屏蔽金属套筒套入同轴电缆，再将芯线插针从 BNC 本体尾部孔中向前插入，屏蔽层拧成一根从侧面孔中转出来。装配 BNC 的示意图如图 4-12 所示。

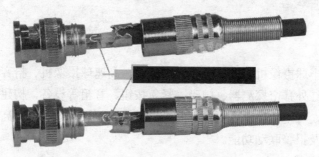

图 4-12　装配 BNC 的示意图

3）焊接

用电烙铁将芯线焊接 BNC 上的焊接点上，将屏蔽线焊接在 BNC 的焊孔里，套上尾套筒即可。焊接 BNC 的示意图如图 4-13 所示。

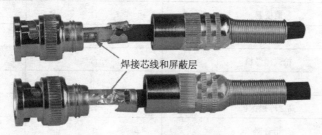

图 4-13　焊接 BNC 的示意图

思考与练习

1．高速球摄像机适用于什么监控场合，半球摄像机适合用于什么监控场合？
2．同轴电缆常用什么规格型号？
3．焊接 BNC 视频头时，如何保证屏蔽性能的完整性？

任务2　操作与运行硬盘录像机

任务目标

（1）掌握硬盘录像机的构成及设备特性。
（2）掌握硬盘录像机的设置运行方法、调试技巧。
（3）掌握报警联动系统的安装与设计方法。

任务描述

本次任务的主要内容是练习硬盘录像机的操作与运行方法，重点内容是硬盘录像机通信协议的设置、高速球摄像机地址的编码、报警联动系统的设计与运行方法。

任务分析

1．任务概况

采用监视器、半球摄像机、枪式摄像机、镜头、高速球摄像机、拾音器、硬盘录像机、红外对射探测器、红外幕帘探测器、门磁、紧急按钮、音箱等设备，构建一个基于硬盘录像机的视频监控系统，可正常显示各摄像机的画面，能实现硬盘录像机对高速球云台的控制，并能实现动态检测及报警联动功能。

2．设备清单

本次任务的主要设备清单如表 4-8 所示。

表4-8　设 备 清 单

序　　　号	设 备 名 称	单　　位	数　　量
1	监视器	台	1
2	半球摄像机	个	1
3	枪式摄像机	台	1
4	镜头	个	1
5	高速球摄像机	台	1
6	拾音器	个	1
7	硬盘录像机	台	1
8	红外对射探测器	对	1

续表

序　号	设 备 名 称	单 　位	数 　量
9	红外幕帘探测器	个	1
10	门磁	对	1
11	紧急按钮	个	1
12	音箱	对	1

3．系统框图

基于硬盘录像机的视频监控系统的系统框图如图 4-14 所示。

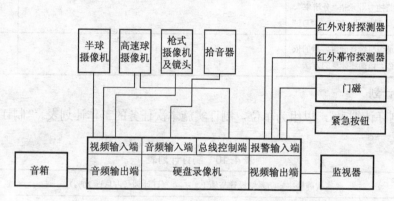

图 4-14　基于硬盘录像机的视频监控系统的系统框图

任务实施

1．信息查询

根据"信息查询表"，以小组为单位，查询并归纳本次任务的核心知识点。"信息查询表"如表 4-9 所示。

表 4-9　信息查询表

《智能楼宇安防系统设计与施工》——信息查询（占总评 20%）				
任务编号：学习情境 4 任务 2		任务名称：操作与运行硬盘录像机	得分：	
班级：	组号：	小组成员：		
序号	核心知识点	查 询 结 果	分值	得分
1	视频监控系统的发展经历了哪几个阶段？当前的视频监控系统属于哪个阶段？其以后的发展趋势是什么		3	
2	硬盘录像机通常具备哪几项主要功能		3	
3	硬盘录像机通过什么方式与高速球摄像机的云台进行通信？为保证通信成功，需要做哪些必要的设置		4	

《智能楼宇安防系统设计与施工》——信息查询（占总评20%）				
任务编号：学习情境4任务2		任务名称：操作与运行硬盘录像机	得分：	
班级：	组号：	小组成员：		
序号	核心知识点	查 询 结 果	分值	得分
4	解释监控专业术语"动态检测"、"报警联动"、"预录"、"预置点"、"步长"		3	
5	解释监控专业术语"分辨率"、"码流"、"帧率"、"CIF"、"D1"		3	
6	硬盘录像机选择硬盘容量的依据是什么？请简述计算的方法		4	

2．制订计划

根据"制订计划表"，以组为单位，制订实施本次任务的工作计划表。"制订计划表"如表4-10所示。

表4-10　制订计划表

《智能楼宇安防系统设计与施工》——制订计划（占总评20%）				
任务编号：学习情境4任务2		任务名称：操作与运行硬盘录像机	得分：	
班级：	组号：	小组成员：		
序号	计 划 内 容	具体实施计划	分值	得分
1	人员分工		1	
2	耗材预估		2	
3	工具准备		1	
4	时间安排		1	
5	绘制详细接线端子图		6	
6	设备安装布局		2	
7	接线布线工艺		2	
8	调试步骤		3	
9	注意事项		2	

3．任务施工

（1）根据"制订计划表"，参照接线图，安装、接线基于硬盘录像机的视频监控系统。接线图如图4-15所示。

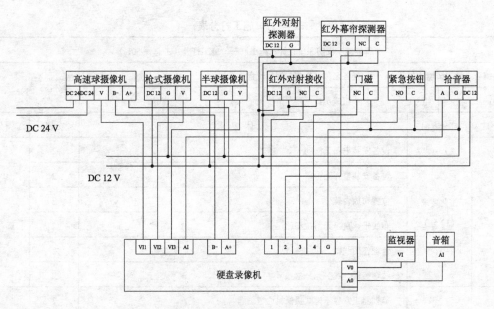

图 4-15   基于硬盘录像机的视频监控系统的接线图

（2）按照以下调试步骤，调试运行基于硬盘录像机的视频监控系统。

① 监视器正常显示枪式摄像机通道画面。

② 监视器正常显示半球摄像机通道画面。

③ 监视器正常显示高速球摄像机通道画面。

④ 对枪式摄像机通道画面手动录像 10 s。

⑤ 当半球摄像机通道画面发生动检时，高速球摄像机通道画面自动录像 10 s。

⑥ 当触发红外对射探测器时，屏幕出现报警提示，半球摄像机通道画面自动录像 20 s。

⑦ 设置 1 个 1 号预置点，当触发红外幕帘探测器时，高速球摄像机转向预置点 1，并录像 10 s。

⑧ 设置 1 个 2 号预置点，当触发门磁时，高速球摄像机转向预置点 2，枪式摄像机录像 20 s。

⑨ 当触发紧急按钮时，屏幕出现报警提示。

⑩ 拾音器能采集现场声音，并通过音箱播放。

（3）注意事项如下：

① 注意人身安全。

② 注意用电安全。

③ 注意爱护设备。

④ 注意节约耗材。

⑤ 注意保持卫生。

（4）施工打分。根据"施工打分表"对每个小组的任务施工情况进行打分。"施工打分表"如表 4-11 所示。

表 4-11 施工打分表

		《智能楼宇安防系统设计与施工》——施工打分（占总评 50%）		
任务编号：学习情境 4 任务 2		任务名称：操作与运行硬盘录像机	得分：	
班级：	组号：	小组成员：		
序号	打分方面	具 体 要 求	分值	得分
1	工艺要求 （12 分）	设备安装牢固无松动	2	
		设备安装整齐无歪斜	2	
		位置布放合理	2	
		布线平、直，无斜拉和翘起	2	
		合理使用线槽	2	
		线端镀锡，线头无分岔	2	
2	功能要求 （30 分）	监视器正常显示枪式摄像机通道画面	3	
		监视器正常显示半球摄像机通道画面	3	
		监视器正常显示高速球摄像机通道画面	3	
		对枪式摄像机通道画面手动录像 10 s	3	
		当半球摄像机通道画面发生动检时，高速球摄像机通道画面自动录像 10 s	3	
		当触发红外对射探测器时，屏幕出现报警提示，半球摄像机通道画面自动录像 20 s	3	
		设置 1 个 1 号预置点，当触发红外幕帘探测器时，高速球摄像机转向预置点 1，并录像 10 s	3	
		设置 1 个 2 号预置点，当触发门磁时，高速球摄像机转向预置点 2，枪式摄像机录像 20 s	3	
		当触发紧急按钮时，屏幕出现报警提示	3	
		拾音器能采集现场声音，并通过音箱播放	3	
3	职业素养 （8 分）	工位整洁，工具摆放有序	2	
		节约耗材，爱护设备	2	
		注意人身安全，用电符合规范，穿劳保服装	2	
		组员团结协作，遵守劳动纪律	2	

4. 汇报总结

每个小组根据本组任务完成情况进行 PPT 汇报总结，各个小组点评员根据"PPT 汇报表"对汇报小组的 PPT 内容、制作及汇报演讲情况进行评价、打分。"PPT 汇报表"如表 4-12 所示。

表 4-12 PPT 汇报表

《智能楼宇安防系统设计与施工》——PPT 汇报（占总评 10%）									
任务编号：学习情境 4 任务 2			任务名称：操作与运行硬盘录像机				得分：		
班级：		组号：			小组成员：				
序号	打分方面	具 体 要 求	分值	第 1 小组打分	第 2 小组打分	第 3 小组打分	第 4 小组打分	第 5 小组打分	第 6 小组打分
1	专业能力（2 分）	汇报人是否熟悉相关专业知识	1						
		汇报人是否对相关专业知识有独到见解	1						
2	方法能力（3 分）	PPT 制作技术是否熟练	1						
		PPT 所用信息是否丰富、有用	1						
		PPT 内图样是否用专业工具正确绘制	1						
3	社会能力（5 分）	汇报人语言表达能力如何	1						
		汇报人是否声音洪亮、清晰	1						
		汇报人是否镇定自若、不紧张	1						
		汇报人是否与观众有互动	1						
		汇报是否有创新精神	1						
各小组打分合计									
该小组平均得分									

任务总评

根据"信息查询表""制订计划表""施工打分表"和"PPT 汇报表"的打分情况，综合评定小组本次任务的总评成绩，记录于"任务总评表"中，如表 4-13 所示。

表 4-13 任务总评表

《智能楼宇安防系统设计与施工》——任务总评（总分 100 分）				
任务编号：学习情境 4 任务 2		任务名称：操作与运行硬盘录像机	得分：	
班级：		组号：	小组成员：	
序号	评价项目	主要考察方面	分值	得分
1	信息查询表	（1）核心知识点掌握程度； （2）信息检索能力； （3）文字组织能力	20	
2	制订计划表	（1）设计能力； （2）绘图能力； （3）计划制订能力	20	
3	施工打分表	（1）安装、接线、调试、排故技能； （2）团队协作能力； （3）职业素养	50	

《智能楼宇安防系统设计与施工》——任务总评（总分100分）				
任务编号：学习情境4任务2	任务名称：操作与运行硬盘录像机		得分：	
班级：	组号：	小组成员：		
序号	评价项目	主要考察方面	分值	得分
4	PPT汇报表	（1）创新能力； （2）语言表达及交流能力； （3）PPT制作技能	10	

相关知识

1. 半数字化视频监控系统的基本构成

半数字化视频监控系统的核心设备是硬盘录像机，系统由音频/视频输入/输出部分、报警探测部分、硬盘录像机、网络交换机、通信模块等部分组成。音频输入设备通常为传声器、拾音器；视频输入设备通常为高速球摄像机、枪式摄像机、红外摄像机、半球摄像机等；视频输出设备通常为 VGA 显示器、监视器、电视墙、液晶屏等；报警探测设备通常包括红外对射探测器、红外幕帘探测器等；报警输出设备通常为声光警号等。另外，如果信号线路较多，则需要配置矩阵主机进行视频信号的切换管理。图 4-16 为半数字化视频监控系统的构成示意图。

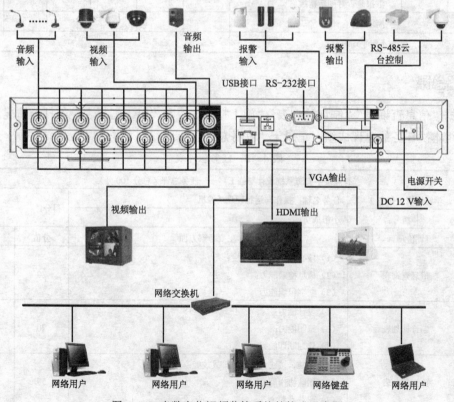

图 4-16　半数字化视频监控系统的构成示意图

2. 硬盘录像机

硬盘录像机（Digital Video Recorder，DVR）是一套进行图像存储处理的计算机系统，具有对图像/语音进行长时间录像、录音、远程监视和控制的功能，DVR 集合录像机、画面分割器、云台镜头控制、报警控制、网络传输等 5 种功能于一身，用一台设备就能取代模拟监控系统一系列设备的功能，而且在价格上也逐渐占有优势。

DVR 采用的是数字记录技术，在图像处理、图像储存、检索、备份，以及网络传递、远程控制等方面也远远优于模拟监控设备，DVR 代表了电视监控系统的发展方向，是目前市面上视频监控系统的首选产品。硬盘录像机的外观如图 4-17 所示。

图 4-17　硬盘录像机的外观

下面以大华公司的 0404L（N）-S 型硬盘录像机为例介绍硬盘录像机的一些主要特性参数。

该硬盘录像机是专为安防领域设计的一款优秀的数字监控产品，采用嵌入式 Linux 操作系统，系统运行稳定，采用视频压缩和音频压缩技术实现了高画质、低码率，特有的单帧播放功能可重现细节回放，实现细节分析。设备功能强大，可实现以下功能：

① 实时监控。

② 手动/自动录像。

③ 录像查询及回放。

④ 录像备份。

⑤ 云台、镜头控制。

⑥ 视频检测及联动控制。

⑦ 外部报警与报警联动录像。

⑧ 远程网络操作功能。

硬盘录像机的前面板如图 4-18 所示。

图 4-18　硬盘录像机的前面板

硬盘录像机的后面板如图 4-19 所示。

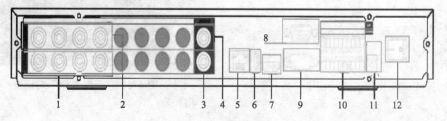

图 4-19　硬盘录像机的后面板

表 4-14 所示为硬盘录像机后面板接口说明。

表 4-14 硬盘录像机接口

序 号	接 口	序 号	接 口
1	视频输入	7	HDMI 接口
2	音频输入	8	RS-232 接口
3	视频输出	9	视频 VGA 输出
4	音频输出	10	报警输入/输出/RS-485 接口
5	网络接口	11	电源输入
6	USB 接口	12	电源开关

其中，报警输入/输出/RS-485 接口集合了外部报警输入端、报警输出端及控制总线端等 3 类接线端子，如图 4-20 所示。

下面是报警输入/输出/RS-485 接口部分的详细说明。

（1）图 4-20 中 UP 一排 1-NO/C、2-NO/C、3-NO/C 为 3 组常开联动输出（开关量），用以控制报警器正极电源的通断。

（2）图 4-20 中 DOWN 一排从左到右的 1～8 对应报警输入通道 ALARM1～ALARM8。

（3）A、B 为控制 RS-485 设备的 AB 线接口，用于连接控制解码器、球机云台等设备。被控设备可并联相接，如果云台解码器数量较多，可在 AB 线上并入 120 Ω 的电阻器。

（4）"⏚" 为地线。

3. 硬盘录像机的基本操作

1）开机

连接监视器和硬盘录像机的电源线，按下监视器后面的电源开关 "I"，即可进入正常工作状态。在开机状态下，按下主机后面的电源开关 "O"，即可正常关机。按下硬盘录像机前面板的电源开关按钮，硬盘录像机启动。

正常开机后，单击确认键 "Enter" 弹出 "登录系统" 对话框，系统出厂时有 4 个用户 admin、888888、666666 及隐藏的 default，前 3 个出厂密码与用户名相同。admin、888888 出厂时默认属于高权限用户，而 666666 出厂默认属于低权限用户，仅有监视、回放等权限。登录后可在 "高级选项" → "用户账号" 中增加用户、修改密码等操作。"登录系统" 对话框如图 4-21 所示。

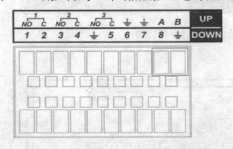

图 4-20　报警输入/输出/RS-485 接口

图 4-21　"登录系统" 对话框

2）预览

设备正常登录后，直接进入预览画面。在每个预览画面上有叠加的日期、时间、通道名称，屏幕下方的一行表示每个通道的录像及报警状态，如图 4-22 所示。默认预览状态为四通道画面预览界面。

监控通道录像时，通道画面上显示此标志

通道发生视频丢失时，通道画面显示此标志

通道发生动态检测时，通道上画面显示此标志

该通道处于监视锁定状态时通道画面上显示此标志

图 4-22　预览图标

双击某一通道画面，切换到单通道画面预览。双击该通道画面，返回四通道画面预览。单击确认键"Enter"，进入主菜单界面。

3）报警设置及报警联动

在预览模式下右击，进入主菜单，选择"菜单"→"系统设置"→"报警设置"选项，弹出"报警设置"对话框，如图 4-23 所示。

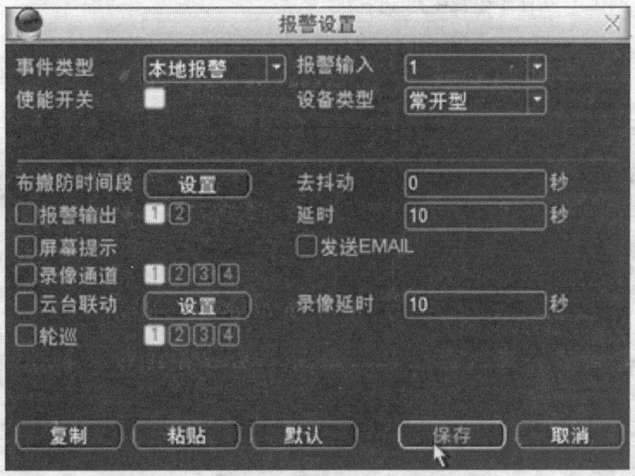

图 4-23　"报警设置"对话框

事件类型："本地报警"指一般的本机发生的报警输入，"网络报警"指用户通过网络输入报警信号。

报警输入：选择相应的报警通道号。

使能开关：反显■表示选中，是否使用该报警功能。

设备类型：常开型/常闭型，根据接入报警输入的设备电压输出方式而定。

布撤防时间段：设置报警的时间段，在设置的时间范围内才会启动录像。选择相应的星期 X 进行设置，每天有 6 个时间段供设置。选中时间段前的复选框，设置的时间才有效。统一设置可选择"全"选项。

去抖动：即必须保证其报警状态在设定时间内保持不变才输出报警信号。

报警输出：报警联动输出端口（可复选），发生报警时可联动相应报警输出设备，第 1、第 2 路控制为电源正极的开关量，第 3 路为可控 12 V 输出。根据通道选择相对应的报警输出通道。

延时：表示报警结束时，报警延长一段时间后停止，时间以 s 为单位，值为 10～300。

屏幕提示：在本地主机屏幕上提示报警信息。

发送 EMAIL：反显■选中，表示报警发生的同时发送邮件通知用户。

录像通道：选择所需的录像通道（可复选），发生报警时，系统自动启动该通道进行录像。

云台联动：报警发生时，联动云台动作，如联动通道一转至预置点 X。

录像延时：表示当报警结束时，录像延长一段时间停止，时间以 s 为单位，值为 10～300。

轮巡：反显■设置有报警信号发生时，对选择进行录像的通道进行单画面轮巡显示，轮巡时间在菜单输出模式中设置。

注意：本地报警设置要跟所连接报警的输入设备相对应，即常闭探测器的输出方式为常闭型，常开探测器的输出方式为常开型。其他报警通道若没连接设备，则应把该"使能开关"关闭。

4）视频检测及联动

在预览模式下右击，进入主菜单，选择"菜单"→"系统设置"→"视频检测"选项，弹出"视频检测"对话框，如图 4-24 所示。

通过分析视频图像，当系统检测到有达到预设灵敏度的移动信号出现时，即开启动态检测报警。"视频检测"对话框如图 4-24 所示。

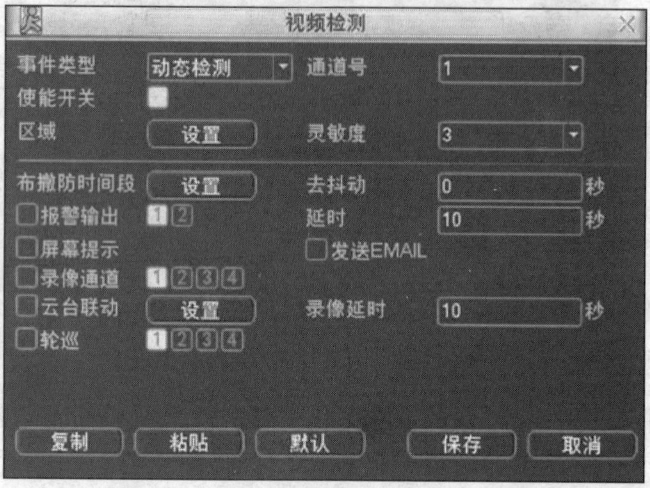

图 4-24 "视频检测"对话框

注意：图中的使能开关需要反显■选中，否则设置的功能无效。

事件类型："动态检测"指设置通道视频有动静变化时，即启动动态检测报警；"遮挡检测"指当设置通道视频画面被遮挡时，即启动遮挡检测报警；"丢失检测"指当设置通道视频画面丢失（如视频线被剪断）时，即启动丢失检测报警。

通道号：选择要设置的通道。

使能开关：反显■表示选中。

区域：蒙色区域为动态检测设防区，黑色为不设防区。按 Fn 键切换可设防状态和不设防状态。设防状态时按方向键移动绿色边框方格设置动态检测的区域，设置完毕按下 Enter 键确定退出动态区域设置，如果按 Esc 退出动态区域设置，则取消对刚才所做的设防。在退出动态检测菜单时必须单击"保存"按钮才能真正保存刚才所做的动态检测设防。视频检测区域设置界面如图 4-25 所示。

灵敏度：可设置为 1~6 挡，其中第 6 挡灵敏度最高。

发生相应报警时，启动联动报警输出端口的外接设备。

去抖动：必须保证其报警状态在设定时间内保持不变才为输出报警信号。

图 4-25　视频检测区域设置界面

"延时""布撤防时间段""报警输出""屏幕提示""发送 EMAIL""录像通道""云台联动""录像延时""轮巡"等项的设置方法与"报警设置"对话框中所述相应选项类似。

5）录像时间的设置

在预览模式下，单击确认键"Enter"进入主菜单界面，选择"菜单">"系统设置">"录像设置"选项，"录像设置"对话框如图 4-26 所示。

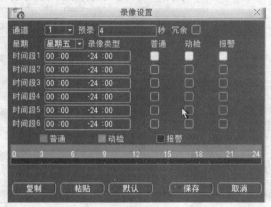

图 4-26　"录像设置"对话框

通道：选择相应的通道进行通道设置，统一对所有通道设置可选择"全"选项。

星期：选择相应的通道号进行通道设置，统一对所有通道设置可选择"全"选项。

预录：可录制动作状态发生前 1~30 秒的图像。

冗余：1U 机器取消冗余功能，能使框为灰显，实际不能操作。

时间段：显示当前通道在该段时间内的录像状态，所有通道设置完毕后请单击"保存"键以确认。

普通：在预设的时间段内，对应的通道进行自动录像。

动检：在预设的时间段内，对应通道检测到动态检测时，进行录像（需设置相应通道的动态检测设置）。

报警：在预设时间段内，对应通道检测到报警信号时，进行录像（需设置相应通道的输出设备报警设置）。

图中显示了时间段示意图，颜色条表示该时间段对应的录像类型是否有效，绿色为普通录像有效，黄色为动态检测录像有效，红色为报警录像有效。

注意：录像控制需选择自动，否则该功能无法实现。

6）录像开启和停止

右击或在选择"高级选项"→"录像控制"选项，可弹出"录像控制"对话框，如图 4-27 所示。

自动：录像由"控制"录像对话框中设置的录像类型（普通、动态检测和报警）进行录像。

手动：优先级别最高，不管目前各通道处于什么状态，对应的通道全部都进行普通录像。

关闭：所有通道停止录像。

7）录像画质设置

录像画质可在"编码设置"对话框中设置，如图 4-28 所示。

通道：选择通道号。

编码模式：H.264 模式。

分辨率：主码分辨率类型有 D1、CIF、QCIF 3 种可选择。通道不同，不同分辨率对应的帧率设置范围也不同。

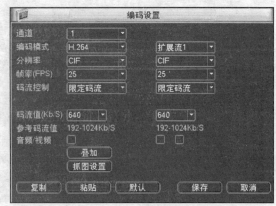

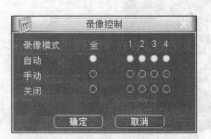

图 4-27 "录像控制"对话框　　　　图 4-28 "编码设置"对话框

帧率（FPS）：P 制——1 帧/秒～25 帧/秒，N 制——1 帧/秒～30 帧/秒。

码流控制：包括限定码流、可变码流。限定码流的画质不可设置；可变码流的画质可选择画质有 6 挡，6 为画质最好。

码流值（Kb/S）：设置码流值改变画面的质量，码流值越大画质越好，参考码流值给用户提供最佳的参考范围。

音频/视频：图标反显表示被选中。主码流视频默认开启，"音频"反显时录像文件为音视频复合流。扩展流 1 要先选视频才能再选音频。

8）录像查询、回放及备份

右击，弹出快捷菜单，选择"录像查询"选项或从主菜单选择"录像查询"选项，进入录像查询菜单。录像查询和回放设置界面如图 4-29 所示。

录像查询：单击"录像类型"下拉按钮，选择"全部"选项，选择"通道"，单击左下方的"时间"，弹出时间设置菜单，设置时间条件，然后单击屏幕右下角"查询"按钮，进行录像查询。查询完毕后，结果以列表形式显示，屏幕上列表显示查询时间后的 128 条录像文件，可按"∧""∨"键上下查看录像文件或鼠标拖动滑钮查看。

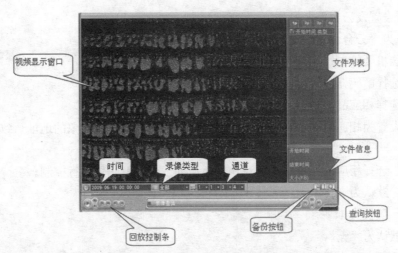

视频显示窗口

文件列表

文件信息

时间　　录像类型　　通道

回放控制条

备份按钮

查询按钮

图 4-29　录像查询和回放设置界面

录像回放：选中要进行回放的录像，单击"播放"按钮或按硬盘录像机前面板的播放/暂停键，录像进行回放。

录像备份：将存储器，如闪存盘插到硬盘录像机的 USB 接口。在预览模式下，单击进入主菜单，选择"菜单"→"文件备份"选项，进入录像备份菜单。单击"检测"按钮，系统自动检测到用来备份的设备。

单击"备份"按钮进入文件备份菜单，硬盘录像机的文件备份到设备操作：选择备份设备，选择要备份文件的通道，录像文件开始时间和结束时间，单击"添加"按钮进行核查文件。符合条件的录像文件列出，并选中其复选框，可以继续设置查找时间条件并单击"添加"按钮，此时在已列出的录像文件后继续列出新添加的符合查找条件的录像文件。用户可以单击"备份"按钮进行录像文件的备份。对于已选中的要备份的文件系统根据备份设备的容量给出空间的提示：如需要空间 XX MB，剩余空间 XX MB 等，备份过程中页面有进度条提示。备份成功系统将有相应的成功提示，如图 4-30 所示。

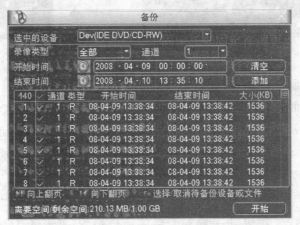

图 4-30　录像备份

9）云台设置及云台控制操作

图 4-31 为"云台设置"对话框。

硬盘录像机要控制智能解码器或云台，需设置以下项目。

通道：选择解码器或球机云台的接入通道。

协议：选择相应品牌型号的协议（如 PELCOD）。

地址：设置为相应的地址（注意：此处的地址务必与被控制对象的地址一致，否则将无法控制）。

波特率：选择相应的波特率，可对相应通道的云台或解码器进行控制。

数据位：默认为 8。

停止位：默认为 1。

校验：默认为"无"。

设置完成后，单击"保存"按钮，保存设置并退出云台设置菜单，返回到主菜单，云台设置成功。

注意：在云台设置中，如果协议不支持该命令，则以灰色显示，鼠标单击无效。如果设置不正确，则无法通过录像机控制云台。

选择"云台控制"选项，弹出如图 4-32 所示"云台设置"对话框，该对话框支持云台转动和镜头控制。

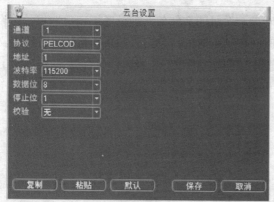

图 4-31 "云台设置"对话框

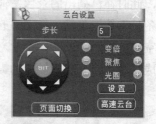

图 4-32 "云台设置"对话框

步长主要用于控制方向操作，如步长为 8 的转动速度远大于步长为 1 的转动速度（其数值可通过单击数字软面板或前面板的直接按键获得 1~8 步长，8 为最大步长）。

相应地，高速球云台或解码器要与硬盘录像机进行通信，也要做相应的设置。以高速球云台为例，需要设置 SW1 及 SW2 拨码开关的值，从而使波特率、协议、地址等参数与硬盘录像机保持一致。

高速球云台用 SW2 拨码开关设置云台的物理地址，如表 4-15 所示。

高速球云台用 SW1 拨码开关设置云台的通信协议[见表 4-16（a）]及波特率[见表 4-16（b）]。

表 4-15　高速球云台用 SW2 拨码开关设置云台的物理地址

拨码开关 地址编号	SW2-1	SW2-2	SW2-3	SW2-4	SW2-5	SW2-6	SW2-7	SW2-8
1	ON	OFF	OFF	OFF	OFF	OFF	OFF	OFF
2	OFF	ON	OFF	OFF	OFF	OFF	OFF	OFF
3	ON	ON	OFF	OFF	OFF	OFF	OFF	OFF
4	OFF	OFF	ON	OFF	OFF	OFF	OFF	OFF
⋮	⋮	⋮	⋮	⋮	⋮	⋮	⋮	⋮
254	OFF	ON	ON	ON	ON	OFF	ON	ON
255	ON	ON	ON	ON	ON	OFF	ON	ON

表 4-16（a）高速球云台用 SW1 拨码开关设置云台的通信协议

协议　　　　　SW1	开关 1	开关 2	开关 3	开关 4
行业协议 V0.0	OFF	OFF	OFF	OFF
YAAN	ON	OFF	OFF	OFF
Pelco P	OFF	ON	OFF	OFF
Pelco D	ON	ON	OFF	OFF
AD/AB	OFF	OFF	ON	OFF
三星	OFF	ON	ON	OFF
Inter	ON	ON	ON	OFF
行业协议 V1.0	地址 9	地址 10	地址 11	ON

表 4-16（b）高速球云台用 SW1 拨码开关设置云台的波特率

波特率　　　　　SW1	开关 5	开关 6
2 400 Bd	OFF	OFF
4 800 Bd	ON	OFF
9 600 Bd	OFF	ON
19 200 Bd	ON	ON

4．硬盘容量的计算

1）帧率、码流与分辨率

帧率是每秒图像的数量，分辨率表示每幅图像的尺寸，即像素数量，码流是经过视频压缩后每秒产生的数据量，而压缩是去掉图像的空间冗余和视频的时间冗余，所以，对于静止的场景，可以用很低的码流获得较好的图像质量，而对于剧烈运动的场景，可能用很高的码流也得不到好的图像质量。

因此，根据实时性要求设置帧率时，要根据图像尺寸大小的要求设置分辨率，而根据摄像机及场景的情况设置码率。通过现场调试，直到取得一个可以接受的图像质量，即可确定码流大小。

（1）帧率：一帧就是一幅静止的画面，连续的帧就形成动画，如电视图像等。通常说帧数，简单地说，就是在 1 s 时间里传输的图片的数量，也可以理解为图形处理器 1 s 能够刷新几次，通常用 FPS（Frames Per Second）表示。每一帧都是静止的图像，快速连续地显示帧便形成了运动的图像。高的帧率可以得到更流畅、更逼真的动画。每秒帧数越多，所显示的动作就越流畅。

（2）码流（Data Rate）：是指视频文件在单位时间内传输的数据流量，又称码率，是视频编码及画面质量控制中最重要的部分。在同样分辨率下，视频文件的码流越大，压缩比就越小，画面质量就越高。

（3）分辨率：是指视频成像产品所成图像的大小或尺寸，常见的视像分辨率有 352×288、176×144、640×480、1 024×768。在成像的两组数字中，前者为图片的长度，后者为图片的宽度，两者相乘得出的是图片的像素，长宽比一般为 4:3。

在 PAL 制情况下：CIF 352×288 的分辨率，建议码流设置为 512 Kb/s，用 0.5Mb/s 的带宽传输；4CIF 704×576 的分辨率，建议码流设置为 2 048 Kb/s，用 2 Mb/s 的带宽传输。

2）硬盘容量计算方法

（1）计算单个通道每小时所需要的存储容量 S_1，单位是 MB。

$$S_1=[（D÷8）×3 600]÷1 024$$

式中：D 为码流（即录像设置中的"位率/位率上限"），单位是 Kb/s。

（2）确定录像时间要求后，计算单个通道所需要的存储容量 S_2，单位 MB。

$$S_2=S_1×t_1×t_2$$

式中：t_1 为每天要求录像的时长，t_2 为要求的录像保存天数。

（3）根据视频通道数，计算最终所需硬盘容量 S_3，单位是 GB。

$$S_3=（S_2×N）÷1 024$$

式中：N 为视频通道数。

例如，8 路硬盘录像机，音频/视频录像，采用 512 Kb/s 定码流，每天定时录像 12 h，录像资料保留 15 天，计算方法如下。

每小时录像文件大小=512×3 600÷8÷1 024=225（MB）。

硬盘录像机所需硬盘容量=225×8×12×15÷1 024=316（GB）。

音频码流为固定的 16 Kb/s，每小时所占容量很小，可以忽略不计。所以本例宜选择容量为 320 GB 的硬盘。

思考与练习

1．某小型监控工程有 15 个监控点，采用 CIF 画质全天录像，要求数据保留 7 天，使用 1 台 16 路的硬盘录像机，请计算该硬盘录像机应配备多大容量的硬盘？

2．高速球云台与硬盘录像机进行通信，软件上及硬件上应做哪些设置？

3．硬盘录像机主要具备哪些功能？请列举并简述。

任务 3 操作与运行矩阵主机

任务目标

（1）掌握矩阵系统的工作原理。

（2）掌握矩阵主机的设置运行方法。

任务描述

本次任务的主要内容是练习矩阵主机的操作与运行方法，重点内容是练习矩阵主机时序切换、群组切换、云台控制等操作方法。

任务分析

1. 任务概况

采用监视器、半球摄像机、枪式摄像机、镜头、高速球摄像机、矩阵主机及键盘等设备，构建一个基于矩阵主机的视频监控系统，可正常显示各摄像机的画面，能实现图像调取、队列切换、群组切换、云台控制等功能。

2. 设备清单

本次任务的设备清单如表 4-17 所示。

表 4-17 设 备 清 单

序 号	设 备 名 称	单 位	数 量
1	监视器	台	3
2	半球摄像机	个	1
3	枪式摄像机	台	1
4	镜头	个	1
5	高速球摄像机	台	1
6	矩阵主机及键盘	台	1

3. 系统框图

基于矩阵主机的视频监控系统的系统框图如图 4-33 所示。

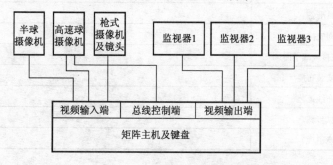

图 4-33 基于矩阵主机的视频监控系统的系统框图

🔖 任务实施

1. 信息查询

根据"信息查询表"，以小组为单位，查询并归纳本次任务的核心知识点。"信息查询表"如表 4-18 所示。

表 4-18　信息查询表

《智能楼宇安防系统设计与施工》——信息查询（占总评 20%）				
任务编号：学习情境 4 任务 3	任务名称：操作与运行矩阵主机		得分：	
班级：　　　组号：	小组成员：			
序号	核心知识点	查　询　结　果	分值	得分
1	$M \times N$ 矩阵表示什么？矩阵具备哪些基本功能		4	
2	矩阵主机通过什么方式与键盘及云台进行通信		4	
3	简述确保键盘与矩阵主机正常通信所需做的设置内容		4	
4	简述确保高速球云台与矩阵主机正常通信所需做的设置内容		4	
5	请解释"时序切换"、"群组切换"、"群组顺序切换"		4	

2. 制订计划

根据"制订计划表"，以组为单位，制订实施本次任务的工作计划表。"制订计划表"如表 4-19 所示。

表 4-19　制订计划表

《智能楼宇安防系统设计与施工》——制订计划（占总评 20%）				
任务编号：学习情境 4 任务 3	任务名称：操作与运行矩阵主机		得分：	
班级：　　　组号：	小组成员：			
序号	计　划　内　容	具体实施计划	分值	得分
1	人员分工		1	
2	耗材预估		2	
3	工具准备		1	
4	时间安排		1	
5	绘制详细接线端子图		6	
6	设备安装布局		2	
7	接线布线工艺		2	
8	调试步骤		3	
9	注意事项		2	

3. 任务施工

（1）根据"制订计划表"，参照接线图，安装、接线基于矩阵主机的视频监控系统。接线图如图 4-34 所示。

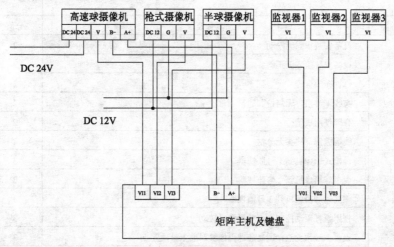

图 4-34　基于矩阵主机的视频监控系统接线图

（2）按照以下调试步骤，调试运行基于矩阵主机的视频监控系统。

① 调枪式摄像机到 1 号监视器。

② 调半球摄像机到 2 号监视器。

③ 调高速球摄像机到 3 号监视器。

④ 使用摇杆手动控制高速球转动。

⑤ 设置 1 号预置点，调高速球摄像机使其对准 1 号预置点。

⑥ 高速球摄像机在两点间做线扫动作。

⑦ 高速球摄像机做面扫动作。

⑧ 1 号监视器时序切换，切换顺序为"枪式摄像机-半球摄像机-高速球摄像机"，每个画面停留 2 s。

⑨ 群组切换，1 号群组为 3 个监视器全部显示枪式摄像机画面，2 号群组为 3 个监视器全部显示半球摄像机画面，3 号群组为 3 个监视器全部显示高速球摄像机画面。

（3）注意事项如下：

① 注意人身安全。

② 注意用电安全。

③ 注意爱护设备。

④ 注意节约耗材。

⑤ 注意保持卫生。

（4）施工打分。根据"施工打分表"对每个小组的任务施工情况进行打分。"施工打分表"如表 4-20 所示。

表 4-20　施工打分表

		《智能楼宇安防系统设计与施工》——施工打分（占总评50%）			
任务编号：学习情境4任务3		任务名称：操作与运行矩阵主机		得分：	
班级：	组号：	小组成员：			
序号	打分方面	具体要求	分值	得分	
1	工艺要求 （12分）	设备安装牢固无松动	2		
		设备安装整齐无歪斜	2		
		位置布放合理	2		
		布线平、直，无斜拉和翘起	2		
		合理使用线槽	2		
		线端镀锡，线头无分岔	2		
2	功能要求 （30分）	调枪式摄像机到1号监视器	3		
		调半球摄像机到2号监视器	3		
		调高速球摄像机到3号监视器	3		
		使用摇杆手动控制高速球摄像机转动	3		
		设置1号预置点，调高速球摄像机对准1号预置点	3		
		高速球摄像机在两点间做线扫动作	3		
		高速球摄像机做面扫动作	3		
		1号监视器时序切换，切换顺序为"枪式摄像机-半球摄像机-高速球摄像机"，每个画面停留2 s	4		
		群组切换，1号群组为3个监视器全部显示枪式摄像机画面，2号群组为3个监视器全部显示半球摄像机画面，3号群组为3个监视器全部显示高速球摄像机画面	5		
3	职业素养 （8分）	工位整洁，工具摆放有序	2		
		节约耗材，爱护设备	2		
		注意人身安全，用电符合规范，穿劳保服装	2		
		组员团结协作，遵守劳动纪律	2		

4．汇报总结

每个小组根据本组任务完成情况进行 PPT 汇报总结，各个小组点评员根据"PPT 汇报表"对汇报小组的 PPT 内容、制作及汇报演讲情况进行评价、打分。"PPT 汇报表"如表 4-21 所示。

表 4-21　PPT 汇报表

		《智能楼宇安防系统设计与施工》——PPT汇报（占总评10%）							
任务编号：学习情境4任务3		任务名称：操作与运行矩阵主机		得分：					
班级：	组号：	小组成员：							
序号	打分 方面	具体要求	分值	第1小 组打分	第2小 组打分	第3小 组打分	第4小 组打分	第5小 组打分	第6小 组打分
1	专业 能力 （2分）	汇报人是否熟悉相关专业知识	1						
		汇报人是否对相关专业知识有独到见解	1						

续表

序号	打分方面	具体要求	分值	第1小组打分	第2小组打分	第3小组打分	第4小组打分	第5小组打分	第6小组打分

《智能楼宇安防系统设计与施工》——PPT 汇报（占总评10%）

任务编号：学习情境4任务3　任务名称：操作与运行矩阵主机　得分：

班级：　组号：　小组成员：

序号	打分方面	具体要求	分值	第1小组打分	第2小组打分	第3小组打分	第4小组打分	第5小组打分	第6小组打分
2	方法能力（3分）	PPT 制作技术是否熟练	1						
		PPT 所用信息是否丰富、有用	1						
		PPT 内图样是否用专业工具正确绘制	1						
3	社会能力（5分）	汇报人语言表达能力如何	1						
		汇报人是否声音洪亮、清晰	1						
3	社会能力（5分）	汇报人是否镇定自若、不紧张	1						
		汇报人是否与观众有互动	1						
		汇报是否有创新精神	1						
		各小组打分合计							
		该小组平均得分							

任务总评

根据"信息查询表""制订计划表""施工打分表"和"PPT 汇报表"的打分情况，综合评定小组本次任务的总评成绩，记录于"任务总评表"中。"任务总评表"如表4-22 所示。

表4-22　任务总评表

《智能楼宇安防系统设计与施工》——任务总评（总分100 分）

任务编号：学习情境4任务3　任务名称：操作与运行矩阵主机　得分：

班级：　组号：　小组成员：

序号	评价项目	主要考察方面	分值	得分
1	信息查询表	（1）核心知识点掌握程度；（2）信息检索能力；（3）文字组织能力	20	
2	制订计划表	（1）设计能力；（2）绘图能力；（3）计划制订能力	20	
3	施工打分表	（1）安装、接线、调试、排故技能；（2）团队协作能力；（3）职业素养	50	
4	PPT 汇报表	（1）创新能力；（2）语言表达及交流能力；（3）PPT 制作技能	10	

相关知识

1. 矩阵系统的构成

视频矩阵是指通过阵列切换的方法将 M 路视频信号任意输出至 N 路监控设备上的电子装置，一般情况下矩阵的输入大于输出，即 $M>N$。有一些视频矩阵也带有音频切换功能，能将视频和音频信号进行同步切换，这种矩阵也称为音视频矩阵。目前的视频矩阵就其实现方法来说有模拟矩阵和数字矩阵两大类。一个矩阵系统通常还应该包括以下基本部分：字符信号叠加、解码器及云台控制、报警输出、控制主机、音频控制、控制键盘等。

2. 设备简介

1）矩阵主机

视频矩阵就是将视频图像从任意一个输入通道切换到任意一个输出通道显示。一般来讲，一个 $M \times N$ 矩阵表示它可以同时支持 M 路图像输入和 N 路图像输出。

矩阵主机主要负责对前端视频源的切换控制，矩阵主机配合电视墙使用，完成画面切换的功能，不具备录像功能。矩阵系统是一个具有多个视频输入、多个视频输出、多个键盘控制点的监控系统设备，矩阵系统还可带有多个音频输入、多个音频输出、多个报警控制。矩阵主机外观图如图 4-35 所示。

矩阵系统可将任意摄像机信号切换到任意监视器上，每一个摄像机可设置预置的摄像点，并且任意监视器可随时调用显示，画面可由键盘手动操作，也可受系统自动切换。矩阵系统提供 RS-485 控制，可对云台、解码器进行控制，每个高速球摄像机通过编程可具有多至 128 种的预置摄像位置，可对高速球摄像机进行速度控制。

2）电视墙

电视墙是由多个电视（背投电视）单元拼接而成的一种超大屏幕电视墙体，是一种影像、图文显示系统。视频监控项目采用电视墙作为显示设备，使用电视墙进行监控有直观、方便的特点，便于监控人员实时发现被监控目标的异常状况。监控用电视墙一般采用专业监视器作为显示设备，配以钢板钣金喷塑墙体构成，有些还带有强制排风散热装置。在监控领域，由于电视墙监控只能实时监看，不能回放，因此往往需要与硬盘录像机及视频矩阵配合使用，以形成完整的监控系统。电视墙外观图如图 4-36 所示。

图 4-35　矩阵主机外观图

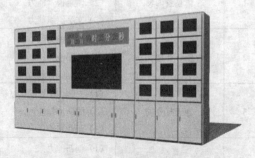

图 4-36　电视墙外观图

3．矩阵的操作

1）通信设置

矩阵系统必须正确连接通信线路，正确设置相关参数，才能确保主机和键盘、云台或解码器等设备的通信。

（1）主机设置：矩阵系统在后面板上有 2 个 RS-485 接口，应分别和高速球云台或解码器的 RS-485 通信接口及键盘的 RS-485 通信接口相连，如图 4-37 所示。

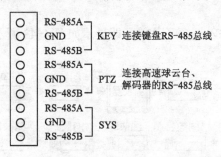

RS-485A
GND —— KEY 连接键盘RS-485总线
RS-485B

RS-485A
GND —— PTZ 连接高速球云台、解码器的RS-485总线
RS-485B

RS-485A
GND —— SYS
RS-485B

图 4-37　矩阵主机 RS-485 通信接口

矩阵控制高速球云台、解码器的通信协议和波特率由矩阵 PCB 上的 4 位拨动开关设置，通信协议和波特率对应拨动开关方法如表 4-23 所示。

表 4-23　拨动开关设置

协议设置			波特率设置		
BIT 1	BIT 2	协议	BIT 3	BIT 4	波特率
OFF	OFF	PELCO_D	OFF	OFF	9 600 Bd
ON	OFF	PELCO_P	ON	OFF	4 800 Bd
OFF	ON	Kalatel	OFF	ON	2 400 Bd
ON	ON	Matri	ON	ON	1 200 Bd

（2）键盘设置：按"MENU"键进入键盘主菜单，按"MPX"键或按"Auto"键直至 LCD 显示如图 4-38 所示。

按"Enter"键进入键盘设置菜单，按"MPX"键或按"Auto"键直至 LCD 显示如图 4-39 所示。

第一行为键盘当前波特率，第二行为输入新波特率。按"Enter"键可设置主控键盘波特率。按"MPX"键或按"Auto"键直至 LCD 显示如图 4-40 所示。

```
2) Keyboard setup
```

```
2.Cur.Baud Rate:9600
12/24/48/9600:0000
```

```
5.Protocol:Matri
New Protocol:
```

图 4-38　键盘设置主菜单　　　图 4-39　键盘波特率设置界面　　　图 4-40　键盘通信协议设置界面

第一行为键盘当前波协议类型，第二行为选择新协议类型。输入阿拉伯数字，可设置主控键盘协议类型。

2）矩阵菜单编程

通过键盘进入主菜单，监视器显示如图 4-41 所示界面。

移动光标到需要的项目，然后按"Enter"键进入各个子菜单。

（1）时序切换设置。自由时序切换是指经过适当的编程，可在监视器上自动地、有序地显示一列编程指定的视频输入，每一个视频输入显示一段设定的停留时间。切换可循环反复进行，如图 4-42 所示。

时序切换设置方法是，进入该项子菜单，即显示如图 4-43 所示界面。

1. *系统配置设置
2. *日期时间设置
3. *文字叠加设置
4. *文字显示特性
5. *报警联运设置
6. *时序切换设置
7. *群组切换设置
8. *群组顺序切换
9. *报警记录查询
0. *恢复出厂设置

图 4-41　矩阵主菜单

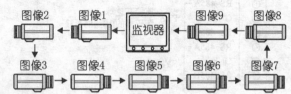

图 4-42　时序切换队列示意图

视频输出：01　　　　　　　　　　驻留时间：02
输入号：

01	=0001	09	=0009	17	=0017	25	=0025
02	=0002	10	=0010	18	=0018	26	=0026
03	=0003	11	=0011	19	=0019	27	=0027
04	=0004	12	=0012	20	=0020	28	=0028
05	=0005	13	=0013	21	=0021	29	=0029
06	=0006	14	=0014	22	=0022	30	=0030
07	=0007	15	=0015	23	=0023	31	=0031
08	=0008	16	=0016	24	=0024	32	=0032

图 4-43　时序切换设置界面

该项菜单是以输出号为基本单元来设置的，因此最多有 32 组时序切换菜单可供设置，每组最多切换输入信号 32 路，上图中等号左边数字为序号，表示切换显示图像的次序，等号右边数字为视频编号输入信号，可在 1～96 中任意选择。

驻留时间为时序切换时每个图像在监视器上所停留的时间，从 1～99 s 任选，用光标键移动光标，设置数据。

在输入设定中，每组时序切换组最大为 32 个图像，若选择小于 32 路，如选择 16 路，则可把光标移到 17，输入"0"再按"Enter"键，可使 17 以后均为"0"。

（2）群组切换设置。群组切换功能是指在多个监视器组成的监控工程中，任何时候，只需要一个键一次操作，就可使所有监视器完成预定目的切换（使所有监视器按预设置的编组方案完成切换）。该子菜单可提供 16 组预编程方案。进入该项子菜单，即显示如图 4-44 所示界面。

群组编号 01
输出=输入

01	=0001	09	=0009	17	=0017	25	=0025
02	=0002	10	=0010	18	=0018	26	=0026
03	=0003	11	=0011	19	=0019	27	=0027
04	=0004	12	=0012	20	=0020	28	=0028
05	=0005	13	=0013	21	=0021	29	=0029
06	=0006	14	=0014	22	=0022	30	=0030
07	=0007	15	=0015	23	=0023	31	=0031
08	=0008	16	=0016	24	=0024	32	=0032

图 4-44　群组切换界面

"群组编号"是指以组为单位进行视频切换的方案编号，1～16 可选，最大为 16 组。"输出"是指视频切换中的视频输出通道，即监视器号。"输入"是指视频切换中的视频输入源，即摄像机号 1～96 可选。

（3）恢复出厂设置。矩阵出厂时对菜单各项均有初始化设置。当光标移动到主菜单中"恢复出厂设置"选项时，单击"确认"键，则屏幕的光标停止显示，整个初始化过程约需时 90 s，然后屏幕自动恢复到上电工作状态，至此，初始化工作完成。

3）高速球设置菜单

按"MPX"键或按"Auto"键直至 LCD 显示图 4-45 所示内容。

按"Enter"键进入高速球设置子菜单。按"MPX"键或按"Auto"键直至 LCD 显示图 4-46 所示内容。

```
1) Speed dome setup
Number:0001
```

图 4-45　高速球设置

```
1.Position:000
Speed:00   Time:00
```

图 4-46　预置点设置

该界面可以设置预置点。按"F1/ON"键移动光标，当光标移动到 Position：000 位置时，输入预置点号（1～128），再按"Enter"键选择要设的预置点，此时就可设置当前所选的预置点的速度和滞留时间。按"F1/ON"键移动光标动到 Speed：00 位置，输入速度值（1～64），再按"Enter"键设置到预置点的速度。按"F1/ON"键移动光标动到 Time：00 位置，输入滞留时间（1～60），再按"Enter"键设置预置点的滞留时间。按"F1/ON"键移动光标设置另一个预置点。按"Exit"键退出高速球设置菜单，返回主菜单。

4）矩阵基本操作

① 输出通道号：输入 1～99，按"MON"键选择监视器号。

② 视频切换：输入视频输入编号（1～1024），按"CAM"键切换矩阵。

③ 群组切换：输入群组编号（1～16），按"GRP"键矩阵群组切换。

④ 时序切换：输入时序切换编号（1～99），按"SEQ"键矩阵时序切换。

⑤ 时序切换停：输入时序切换编号（1～99），按"Shift+SEQ"键矩阵时序切换停止。

⑥ 切换下一路视频：按"NEXT"键矩阵切换下一路。

⑦ 切换上一路视频：按"Shift+NEXT"键矩阵切换上一路。

5）对高速球云台的操作

① 调预置点：输入预置点号（1～128），按"CALL"键调球机预置点。

② 设预置点：输入预置点号（1～128），按"Shift+CALL"键设置球机预置点。

③ 设置云台两点扫描角度 1：输入扫描滞留时间（1～60），按"Pan_A"键设置扫描起点。

④ 设置云台两点扫描角度 2：输入扫描滞留时间（1～60），按"Pan_B"键设置扫描终点。

⑤ 自动线扫启：输入扫描速度（1～64），按"Auto"键。高速球在两点间做扫描动作。

⑥ 面扫启：输入扫描速度（1～64），按"Shift+Auto"键。高速球做360°扫描动作。

思考与练习

1．简述矩阵控制高速球云台、硬件连接及参数设置方面应注意的问题。

2．简述时序切换与群组切换的意义，并联系实际，说一说什么场合适合采用时序切换，什么场合适合采用群组切换。

任务4　构建远程网络监控系统

任务目标

（1）掌握网络视频监控平台的构建与运行方法。

（2）掌握 Web 网页监控操作与运行方法。

任务描述

本次任务的主要内容是练习远程视频网络监控系统的构建与运行方法，重点内容是 Web 网页系统监控的设置及软件监控平台的构建方法。

任务分析

1．任务概况

采用网络监控平台和 Web 网页监控技术，通过网络摄像机、路由器、硬盘录像机、半球摄像机、高速球摄像机、枪式摄像机、镜头等设备，组建远程视频监控系统，实现通过网络远程访问各个监控点的功能。

2．设备清单

本次任务的设备清单如表4-24所示。

表4-24　设备清单

序　号	设备名称	单　位	数　量
1	计算机	台	1
2	半球摄像机	个	1
3	枪式摄像机	台	1

序　　号	设 备 名 称	单　　位	数　　量
4	镜头	个	1
5	高速球摄像机	台	1
6	硬盘录像机	台	1
7	网络摄像机	台	1
8	路由器	台	1

3. 系统框图

远程网络视频监控系统的系统框图如图 4-47 所示。

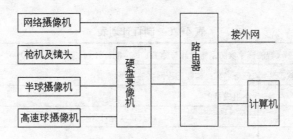

图 4-47　网络视频监控系统的系统框图

📖 任务实施

1. 信息查询

根据"信息查询表",以小组为单位,查询并归纳本次任务的核心知识点。"信息查询表"如表 4-25 所示。

表 4-25　信息查询表

《智能楼宇安防系统设计与施工》——信息查询(占总评 20%)				
任务编号:学习情境 4 任务 4	任务名称:构建远程网络监控系统		得分:	
班级:　　　　组号:	小组成员:			
序号	核心知识点	查询结果	分值	得分
1	较常用的网络视频图像压缩形式有哪些?请列举 2 或 3 种,并做简单描述		4	
2	H.264 具有哪些特征优势?请简述		4	
3	网络摄像机与传统的摄像机相比,具有什么特点和优势		4	
4	简述仅用 1 台半球摄像机、1 台硬盘录像机和 1 台计算机构建 1 个局域网 Web 视频监控系统的方法,着重描述系统参数的设置和运行步骤		4	

续表

《智能楼宇安防系统设计与施工》——信息查询（占总评20%）				
任务编号：学习情境4 任务4		任务名称：构建远程网络监控系统	得分：	
班级：	组号：	小组成员：		
序号	核心知识点	查询结果	分值	得分
5	按无线技术分类，无线网络摄像机通常分为哪两类？分别用于什么方面		4	

2. 制订计划

根据"制订计划表"，以组为单位，制订实施本次任务的工作计划表。"制订计划表"如表4-26所示。

表4-26 制订计划表

《智能楼宇安防系统设计与施工》——制订计划（占总评20%）				
任务编号：学习情境4 任务4		任务名称：构建远程网络监控系统	得分：	
班级：	组号：	小组成员：		
序号	计划内容	具体实施计划	分值	得分
1	人员分工		1	
2	耗材预估		2	
3	工具准备		1	
4	时间安排		1	
5	绘制详细接线端子图		6	
6	设备安装布局		2	
7	接线布线工艺		2	
8	调试步骤		3	
9	注意事项		2	

3. 任务施工

（1）根据"制订计划表"，参照接线图，构建远程网络视频监控系统。接线图如图4-48所示。

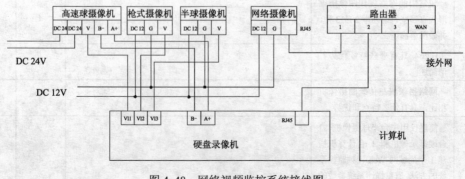

图4-48 网络视频监控系统接线图

（2）按照以下调试步骤，调试运行远程网络视频监控系统。

① 使用网络监控平台远程监控高速球摄像机。

② 使用网络监控平台远程监控枪式摄像机。

③ 使用网络监控平台远程监控半球摄像机。

④ 使用网络监控平台远程监控网络摄像机。

⑤ 使用 Web 网页远程监控高速球摄像机。

⑥ 使用 Web 网页远程监控枪式摄像机。

⑦ 使用 Web 网页远程监控半球摄像机。

⑧ 使用 Web 网页远程监控网络摄像机。

（3）注意事项如下：

① 注意人身安全。

② 注意用电安全。

③ 注意爱护设备。

④ 注意节约耗材。

⑤ 注意保持卫生。

（4）施工打分。根据"施工打分表"对每个小组的任务施工情况进行打分。"施工打分表"如表 4-27 所示。

表 4-27　施工打分表

《智能楼宇安防系统设计与施工》——施工打分（占总评 50%）				
任务编号：学习情境 4 任务 4		任务名称：构建远程网络监控系统	得分：	
班级：	组号：	小组成员：		
序号	打分方面	具体要求	分值	得分
1	工艺要求 （12 分）	设备安装牢固无松动	2	
		设备安装整齐无歪斜	2	
		位置布放合理	2	
		布线平、直，无斜拉和翘起	2	
		合理使用线槽	2	
		线端镀锡，线头无分岔	2	
2	功能要求 （30 分）	使用网络监控平台远程监控高速球摄像机	4	
		使用网络监控平台远程监控枪式摄像机	4	
		使用网络监控平台远程监控半球摄像机	4	
		使用网络监控平台远程监控网络摄像机	3	
		使用 Web 网页远程监控高速球摄像机	4	
		使用 Web 网页远程监控枪式摄像机	4	
		使用 Web 网页远程监控半球摄像机	4	
		使用 Web 网页远程监控网络摄像机	3	

《智能楼宇安防系统设计与施工》——施工打分（占总评50%）				
任务编号：学习情境4任务4		任务名称：构建远程网络监控系统		得分：
班级：	组号：	小组成员：		
序号	打分方面	具体要求	分值	得分
3	职业素养 （8分）	工位整洁，工具摆放有序	2	
		节约耗材，爱护设备	2	
		注意人身安全，用电符合规范，穿劳保服装	2	
		组员团结协作，遵守劳动纪律	2	

4. 汇报总结

每个小组根据本组任务完成情况进行 PPT 汇报总结，各个小组点评员根据"PPT 汇报表"对汇报小组的 PPT 内容、制作及汇报演讲情况进行评价、打分。"PPT 汇报表"如表 4-28 所示。

表 4-28　PPT 汇报表

《智能楼宇安防系统设计与施工》——PPT 汇报（占总评10%）									
任务编号：学习情境4任务4		任务名称：构建远程网络监控系统						得分：	
班级：	组号：	小组成员：							
序号	打分方面	具体要求	分值	第1小组打分	第2小组打分	第3小组打分	第4小组打分	第5小组打分	第6小组打分
1	专业能力 （2分）	汇报人是否熟悉相关专业知识	1						
		汇报人是否对相关专业知识有独到见解	1						
2	方法能力 （3分）	PPT 制作技术是否熟练	1						
		PPT 所用信息是否丰富、有用	1						
		PPT 内图样是否用专业工具正确绘制	1						
3	社会能力 （5分）	汇报人语言表达能力如何	1						
		汇报人是否声音洪亮、清晰	1						
		汇报人是否镇定自若、不紧张	1						
		汇报人是否与观众有互动	1						
		汇报是否有创新精神	1						
各小组打分合计									
该小组平均得分									

任务总评

根据"信息查询表""制订计划表""施工打分表"和"PPT 汇报表"的打分情况，综合评定小组本次任务的总评成绩，记录于"任务总评表"中。"任务总评表"如表 4-29 所示。

表4-29　任务总评表

《智能楼宇安防系统设计与施工》——任务总评（总分100分）				
任务编号：学习情境4任务4	任务名称：构建远程网络监控系统		得分：	
班级：	组号：	小组成员：		
序号	评价项目	主要考察方面	分值	得分
1	信息查询表	（1）核心知识点掌握程度； （2）信息检索能力； （3）文字组织能力	20	
2	制订计划表	（1）设计能力； （2）绘图能力； （3）计划制订能力	20	
3	施工打分表	（1）安装、接线、调试、排故技能； （2）团队协作能力； （3）职业素养	50	
4	PPT汇报表	（1）创新能力； （2）语言表达及交流能力； （3）PPT制作技能	10	

相关知识

1．远程网络监控系统

远程网络监控系统可通过网络从远程监控现场的实时画面，可轻易地被整合到复杂的大型系统中，同时又可以在一个较单纯的监控环境中当作一个独立的系统来使用。网络摄像机可应用在一些取代模拟摄像机，特别是在一些法律强制装设的地点，如隧道、路口等，还可用来管理门禁安全，不管是人或是车辆在经过时均可被记录下形貌及时间，因此极容易追溯搜寻。远程网络监控系统视频数据都可以通过网络存储在远程的服务器上，不需担心数据被窃取的问题。远程网络监控系统非常易于使用在现有的 IP 网络上，并且可以通过网络提供各地实时且高画质的视频，用最经济最简单的方式远程高效地监控。图4-49为某校园远程视频网络监控系统示意图。

2．设备简介

1）网络摄像机

网络摄像机由网络编码模块和模拟摄像机组合而成。网络编码模块将模拟摄像机采集到的模拟视频信号编码压缩成数字信号，从而可以直接接入网络交换及路由设备。网络摄像机内置一个嵌入式芯片，采用嵌入式实时操作系统。网络摄像机是传统摄像机与网络视频技术相结合的新一代产品。摄像机传送来的视频信号数字化后由高效压缩芯片压缩，通过网络总线传送到 Web 服务器上。网络上的用户可以直接用浏览器观看 Web 服务器上的摄像机图像，授权用户还可以控制摄像机云台镜头的动作或对系统配置进行操作。网络摄像机有更简单地实现监控特别是远程监控、更简单的施工和维护、更好地支持音频、更好地支持报警联动、更灵活的录像存储、更丰富的产品选择、更高清的视频效果和更完美的监控管理。网络摄像机支持 Wi-Fi 无线接入、3G 接入、POE 供电（网络供电）和光纤接入，网络上用户可以直接用浏览器观看 Web 服务器上的摄像机图像，授权用户还可以控制摄像机云台镜头的动作或对系统配置进行操作。图 4-50 为常见的家用室内网络摄像机外观图。

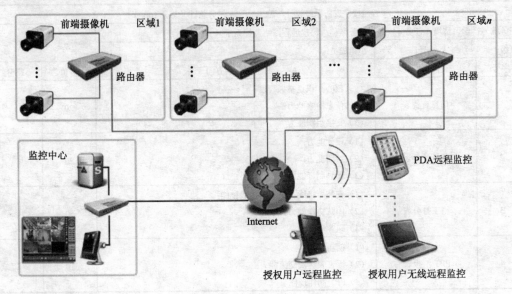

图 4-49　某校园远程视频网络监控系统示意图

2）路由器

路由器（Router）是连接互联网中各局域网、广域网的设备，它是根据信道的情况自动选择和设定路由，以最佳路径、按前后顺序发送信号的设备。路由器是互联网络中的枢纽。图 4-51 为路由器外观图。

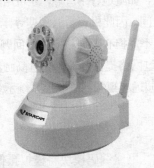

图 4-50　家用室内网络摄像机的外观

图 4-51　路由器外观

网络摄像机或经过网络设置的硬盘录像机，通过 RJ45 端口可以连接到路由器，用户可以通过互联网远程访问网络摄像机或硬盘录像机。

3．网络设置及远程监控平台的使用

1）设置

运行监控平台软件之前，需对硬盘录像机做相应的网络设置，设置正确后方可连接使用。硬盘录像机网络设置如下。

在硬盘录像机预览模式下右击，进入主菜单，选择"菜单"→"系统设置"→"网络设置"选项，弹出"网络设置"对话框，如图 4-52 所示。

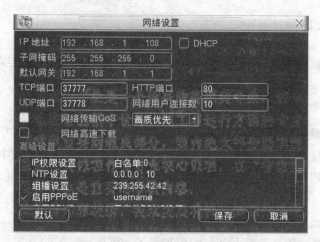

图 4-52　"网络设置"对话框

采用网络视频监控平台软件监控或通过 Web 平台监控，都必须对录像机进行 IP 地址的设定。设置如下。

网络用户连接数：10。

TCP 端口：37777。

HTTP 端口：80。

IP 地址：192.168.1.108。

子网掩码：255.255.255.0。

默认网关：192.168.1.1。

远程主机：PPPoE。

用户名和密码输入 ISP（Internet 服务提供商）提供的 PPPoE 用户名和密码，选中"使能"复选框。

保存后重新启动系统。启动后硬盘录像机会自动以 PPPoE 方式建立网络连接，成功后，"IP 地址"上的 IP 地址将被自动修改为获得的广域网的动态 IP 地址。连接成功后，即可通过专业网络视频监控平台软件监控。

2）网络视频监控平台软件

网络视频监控平台是一个功能强大的中控软件，集多窗口、多用户、多语言、语音对讲、视频会议、分级电子地图、报警中心、兼容其他扩展产品、单机直连设备监控系统等功能为一体。软件具有电子地图功能，界面友好，操作简单，可方便地进行权限设置。

网络控制监控平台安装在机房或管理中心的计算机上，通过局域网连接，分别给计算机和硬盘录像机设置 IP 地址、子网掩码和网关。计算机与硬盘录像机的连接如图 4-53 所示。

图 4-53　计算机与硬盘录像机的连接

3）本地计算机 IP 地址设置

与软件连接前，需设置本地的 IP 地址，否则无法与软件连接。计算机 IP 地址为 192.168.1.*X*。计算机 IP 地址的最后一位是 0~255 中任意一个，但不能与录像机的 IP 地址一样，否则会产生 IP 地址冲突。计算机 IP 地址设置界面如图 4-54 所示。

4）启动软件

双击专业网络视频监控平台，弹出选择语言提示框，选择语言后单击 OK 按钮进入监控平台登录框，初次使用该软件会默认添加本地的服务地址到服务器列表中，名称是 Local，用户可以在服务器列表中添加多个监控中心服务器 IP。选择一个监控中心服务器，输入用户名和密码进行登录（注意：出厂默认的用户名和密码都为 admin，登录后请及时更改密码）。单击"确定"按钮进入监控平台。"登录"界面如图 4-55 所示。

若新的监控系统（第一次打开）还未添加设备，可进行设备的添加。若不是新用户则会提示，单击"是"按钮表示恢复到上次的监控状态，即用户上次打开几个视频监控就会恢复几个，单击"否"按钮表示不恢复，需要重新开启。

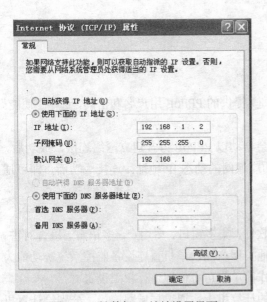

图 4-54 计算机 IP 地址设置界面

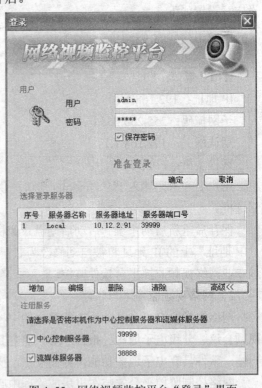

图 4-55 网络视频监控平台"登录"界面

登录成功，进入专业网络视频监控平台（EPSS）的主界面，如图 4-56 所示。

5）添加设备

若新的监控系统（第一次打开）还未添加设备，可进行设备的添加。单击"设备添加"图标，打开设备添加窗口，如图 4-57 所示。

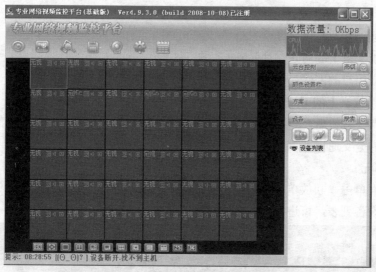

图 4-56　网络视频监控平台主界面

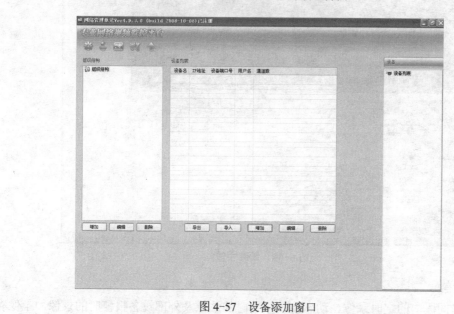

图 4-57　设备添加窗口

在设备列表中单击"增加"按钮，弹出"增加设备"对话框，如图 4-58 所示。

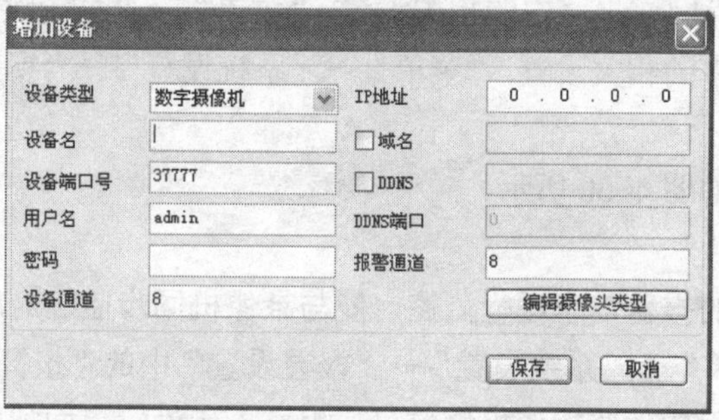

图 4-58　"增加设备"对话框

设备名：可任意设置。

设备端口号：37777。

用户名：录像机上的用户（如 admin）。

密码：对应用户的密码（如 admin）。

IP 地址：录像机上的 IP 地址（如 192.168.1.108）。

单击"保存"按钮后，返回控制界面双击"连接"按钮即可进行与录像机的信息连接，双击设置列表的分支通道即可监视该通道的界面。

6）回放单元

在控制界面单击"回放单元"按钮可对录像机的录像进行播放，并把录像下载到计算机中。选中右栏设备列表，可进行查找录像功能，如图 4-59 所示。

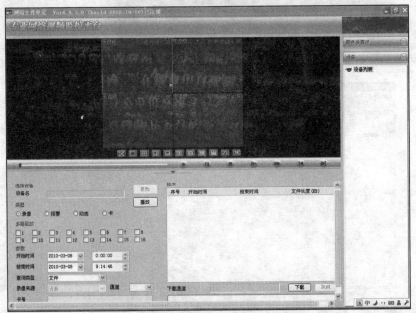

图 4-59　录像回放

7）存储单元

可设置时间段内的定时录像、动态检测报警时的录像及外部设备报警时的录像，录像存储位置为计算机。本设置需对录像机进行报警条件设置，如"菜单"→"系统设置"→"报警设置"中的事件类型为网络报警中的相关设置，"菜单"→"系统设置"→"报警设置"中的事件类型为本地报警中的相关设置，"菜单"→"系统设置"→"视频检测"中的视频检测相关设置。

存储单元设置界面如图 4-60 所示。

8）报警单元

可对指定报警类型的报警信息进行监控，能与录像机同步监控对应通道的报警时间、报警类型等。需选择"菜单"→"系统设置"→"报警设置"中的"报警上传"选项，弹出"报警"对话框，否则无法用软件监控该报警信息。报警单元设置界面如图 4-61 所示。

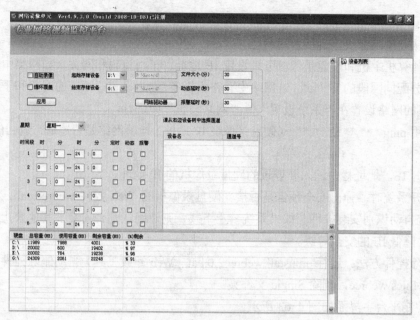

图 4-60 存储单元设置界面

4. Web 网页监控操作及使用说明

1）打开 Web 控制平台

在 IE 地址栏中输入录像机的 IP 地址：192.168.1.108，进入 Web 登录界面，输入账号密码后，进行监控。登录界面如图 4-62 所示。

图 4-61 报警单元设置界面

图 4-62 登录界面

注意：

① 确认硬盘录像机正确接入网络。

② 给计算机主机和硬盘录像机分别设置 IP 地址、子网掩码和网关（如网络中没有路由设备，则可分配同网段的 IP 地址，若网络中有路由设备，则需设置好相应的网关和子网掩码），硬盘录像机的网络设置在"系统设置"→"网络设置"中进行。

③ 利用 ping ***.***.***.***（硬盘录像机 IP 地址）检验网络是否连通，返回的 TTL 值一般等于 255。

④ 打开 IE，地址栏中输入要登录的硬盘录像机的 IP 地址。

⑤ 打开系统时，弹出安全预告是否接受硬盘录像机的 Web 控件 webrec.cab，用户选择接受，系统自动识别安装控件。如果系统禁止下载，则请确认是否安装了其他禁止控件下载的插件，并降低 IE 的安全等级。

⑥ 删除控件方法：运行 uninstall webrec2.0.bat（Web 卸载工具）自动删除控件或者进入 C:\Program Files\webrec，删除 Single 文件夹。

Web 控制平台主界面如图 4-63 所示。

注意：若无法通过 Web 打开监控平台，则更改 IE 安全设置中的 ActiveX 控件和插件中的相关设置，允许计算机下载相关的控件才能正常使用。相关设置的方法：打开 IE，在"工具"→"Internet 选项"→"安全"→"自定义级别"中，更改其中的 ActiveX 控件和插件。更改 IE 安全设置的界面如图 4-64 所示。

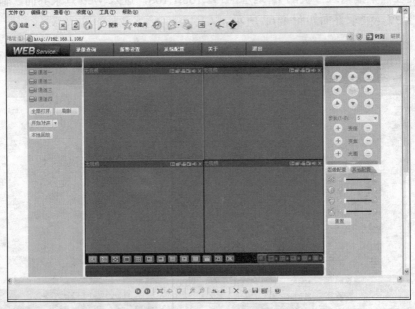

图 4-63　Web 控制平台主界面

2）录像回放

录像查询：可查询硬盘录像机的录像，可进行回放功能，可下载录像到本地计算机中。

类型：选择不同类型进行查询该类型的录像。

参数：按录像的时间，进行查询。

播放：选择录像，按播放键进行播放。

打开本地录像：可对存储在计算机上的录像文件进行播放。

多放回路：同时播放多个通道的录像，可复选。

录像回放界面如图 4-65 所示。

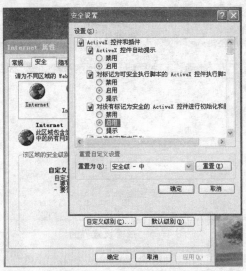

图 4-64　更改 IE 安全设置的界面

图 4-65　录像回放界面

3）报警设置

若对硬盘录像机所设的报警设置进行监视，则需在录像机上设置相应的报警设置。

报警类型：设置所要监控的报警类型。

操作：报警时可选择相应的操作进行监控。

报警声音：可添加计算机上的"报警声"，报警时计算机有相应的报警声提示。

报警设置界面如图 4-66 所示。

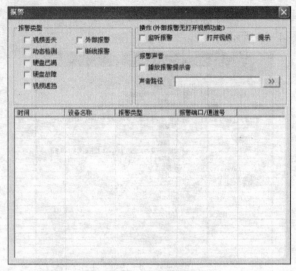

图 4-66　报警设置界面

4）系统配置

对硬盘录像机的设置进行读取，该读取的设置与录像机上的设置一样。可通过该界面对录像机上的设置进行系统配置（远程配置）。更改后需保存才起作用。系统配置界面如图 4-67 所示。

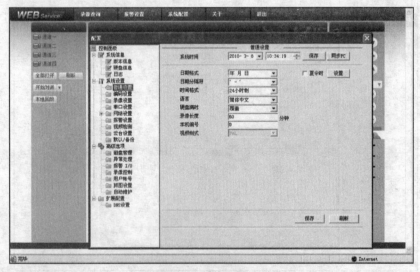

图 4-67　系统配置界面

思考与练习

1. 网络摄像机与传统的摄像机相比，具有什么特点和优势？

2. 比较常用的网络视频图像压缩形式有哪些？H.264 具有哪些特征优势？

通过对工程案例的实践训练，掌握电子巡更及一卡通系统的设计、安装、接线、调试与运行的方法，提升 6S 素养。

任务 1 设计与施工电子巡更系统

任务目标

（1）掌握电子巡更系统的基本构成、主要设备特性。

（2）掌握电子巡更系统的安装方法。

（3）掌握电子巡更系统的调试、运行方法。

任务描述

本次任务的主要内容是设计与安装电子巡更系统，重点内容是巡更人员、事件、计划的制订及执行方法。

任务分析

1. 任务概况

采用感应式巡更棒、感应式巡更信息点、管理计算机及配套巡更软件等组件，安装一个电子巡更系统，可实现设置巡更时间、设置巡更路线、制订巡更计划、管理巡更人员、查询巡更记录等功能。

2. 设备清单

本次任务的设备清单如表 5-1 所示。

表 5-1 设 备 清 单

序　号	设 备 名 称	单　位	数　量
1	感应式地点信息按钮	个	6
2	感应式巡更棒通信电缆	根	1
3	感应式巡更棒	根	1
4	管理中心计算机	台	1

任务实施

1. 信息查询

根据"信息查询表"，以小组为单位，查询并归纳总结本次任务的核心知识点。"信息查询表"如表 5-2 所示。

表 5-2　信息查询表

《智能楼宇安防系统设计与施工》——信息查询（占总评 20%）				
任务编号：学习情境 5 任务 1	任务名称：设计与施工电子巡更系统		得分：	
班级：　　　　组号：	小组成员：			
序　号	核心知识点	查　询　结　果	分　值	得　分
1	电子巡更系统与传统巡更方式相比，有什么特点和优势		4	
2	电子巡更系统按操作方式可分为哪两类？主要区别是什么		4	
3	请解释专业术语"巡更事件"、"巡更计划"、"巡更路线"		4	
4	电子巡更系统具有哪些基本功能		4	
5	简述"有序计划"和"无序计划"的区别		4	

2. 制订计划

根据"制订计划表"，以组为单位，制订实施本次任务的工作计划表。"制订计划表"如表 5-3 所示。

表 5-3　制订计划表

《智能楼宇安防系统设计与施工》——制订计划（占总评 20%）				
任务编号：学习情境 5 任务 1	任务名称：设计与施工电子巡更系统		得分：	
班级：　　　　组号：	小组成员：			
序　号	计　划　内　容	具体实施计划	分　值	得　分
1	人员分工		1	
2	耗材预估		2	
3	工具准备		1	
4	时间安排		1	
5	设备安装布局		3	
6	调试步骤		10	
7	注意事项		2	

3. 任务施工

（1）安装。使用标签纸对感应式地点信息按钮进行标识，名称分别为"教学楼、办公楼、体育馆、图书馆、食堂、宿舍楼"，并将其分别安装在工位架的适当位置，连接好通信电缆。

（2）按照以下调试步骤，调试运行电子巡更系统。

① 设置巡更人员为"小李"。

② 设置巡更地点为"教学楼、办公楼、体育馆、图书馆、食堂、宿舍楼"。

③ 设置巡更事件为"门没关、窗没关、空调没关、灯没关、计算机没关"。

④ 设置棒号属性为"感应式"。

⑤ 设置巡更路线名称为"校园巡逻",顺序为"教学楼->办公楼->体育馆->图书馆->食堂->宿舍楼",时间为 1min。

⑥ 设置有序巡更计划为"夜间巡逻",巡更线路为"校园巡逻",开始时间为当前时间后 2 min。

⑦ 下载设置信息到巡更棒。

⑧ 执行"夜间巡逻"。

⑨ 将运行记录保存在计算机 D 盘"工位号"文件夹下的"巡更系统"子文件夹内。

(3)注意事项如下:

① 注意人身安全。

② 注意用电安全。

③ 注意爱护设备。

④ 注意节约耗材。

⑤ 注意保持卫生。

(4)施工打分。根据"施工打分表"对每个小组的任务施工情况进行打分。"施工打分表"如表 5-4 所示。

表 5-4 施工打分表

《智能楼宇安防系统设计与施工》——施工打分(占总评 50%)				
任务编号:学习情境 5 任务 1		任务名称:设计与施工电子巡更系统	得分:	
班级:	组号:	小组成员:		
序号	打分方面	具体要求	分值	得分
1	工艺要求 (12 分)	设备安装牢固无松动	2	
		设备安装整齐无歪斜	2	
		位置布放合理	2	
		布线平、直,无斜拉和翘起	2	
		合理使用线槽	2	
		线端镀锡,线头无分岔	2	
2	功能要求 (30 分)	设置巡更人员为"小李"	3	
		设置巡更地点为"教学楼、办公楼、体育馆、图书馆、食堂、宿舍楼"	3	
		设置巡更事件为"门没关、窗没关、空调没关、灯没关、计算机没关"	3	
		设置棒号属性为"感应式"	3	
		设置巡更路线名称为"校园巡逻",顺序为"教学楼->办公楼->体育馆->图书馆->食堂->宿舍楼",时间为 1 min	4	

《智能楼宇安防系统设计与施工》——施工打分（占总评50%）				
任务编号：学习情境 5 任务 1		任务名称：设计与施工电子巡更系统	得分：	
班级：	组号：	小组成员：		
序号	打分方面	具体要求	分值	得分
2	功能要求 （30分）	设置有序巡更计划为"夜间巡逻"，巡更线路为"校园巡逻"，开始时间为当前时间后 2min	4	
		下载设置信息到巡更棒	3	
		执行"夜间巡逻"	4	
		将运行记录保存在计算机 D 盘"工位号"文件夹下的"巡更系统"子文件夹内	3	
3	职业素养 （8分）	工位整洁，工具摆放有序	2	
		节约耗材，爱护设备	2	
		注意人身安全，用电符合规范，穿劳保服装	2	
		组员团结协作，遵守劳动纪律	2	

4. 汇报总结

每个小组根据本组任务完成情况进行 PPT 汇报总结，各个小组点评员根据"PPT 汇报表"对汇报小组的 PPT 内容、制作及汇报演讲情况进行评价、打分。"PPT 汇报表"如表 5-5 所示。

表 5-5 PPT 汇报表

《智能楼宇安防系统设计与施工》——PPT 汇报（占总评10%）									
任务编号：学习情境 5 任务 1		任务名称：设计与施工电子巡更系统					得分：		
班级：	组号：	小组成员：							
序号	打分方面	具体要求	分值	第1小组打分	第2小组打分	第3小组打分	第4小组打分	第5小组打分	第6小组打分
1	专业能力 （2分）	汇报人是否熟悉相关专业知识	1						
		汇报人是否对相关专业知识有独到见解	1						
2	方法能力 （3分）	PPT 制作技术是否熟练	1						
		PPT 所用信息是否丰富、有用	1						
		PPT 内图样是否用专业工具正确绘制	1						
3	社会能力 （5分）	汇报人语言表达能力如何	1						
		汇报人是否声音洪亮、清晰	1						
		汇报人是否镇定自若、不紧张	1						
		汇报人是否与观众有互动	1						
		汇报是否有创新精神	1						
各小组打分合计									
该小组平均得分									

任务总评

根据"信息查询表""制订计划表""施工打分表"和"PPT汇报表"的打分情况，综合评定小组本次任务的总评成绩，记录于"任务总评表"中。"任务总评表"如表5-6所示。

表5-6　任务总评表

《智能楼宇安防系统设计与施工》——任务总评（总分100分）

任务编号：学习情境5任务1		任务名称：设计与施工电子巡更系统	得分：	
班级：	组号：	小组成员：		
序号	评价项目	主要考察方面	分值	得分
1	信息查询表	（1）核心知识点掌握程度； （2）信息检索能力； （3）文字组织能力	20	
2	制订计划表	（1）设计能力； （2）绘图能力； （3）计划制订能力	20	
3	施工打分表	（1）安装、接线、调试、排故技能； （2）团队协作能力； （3）职业素养	50	
4	PPT汇报表	（1）创新能力； （2）语言表达及交流能力； （3）PPT制作技能	10	

相关知识

1. 电子巡更系统的构成

巡更系统的基本构成组件介绍如下。

1）巡更信息点

巡更信息点需要固定在巡逻人员必经路线的特定位置上，一般该位置为巡逻的重点位置，由巡更棒来读取其数据。巡更信息钮分接触式和感应式，接触式巡更信息点为纽扣电池外形封装的不锈钢体。完全防水防尘，一般需要一个固定托架固定在巡更点位上。感应式的巡更钮外形众多，目前国内普遍使用的是钱币状、钉形、玻璃管形等。

2）巡更器

巡更器就是常说的巡更棒、巡检器。巡逻的时候，由巡更人员携带，在预定的时间去读取每个巡更点的信息点，读取成功后，每个巡更点的 ID 号码及读取时间会自动储存在巡更棒内，从而完成一个巡更流程。巡更器的外形比较丰富。有的像遥控器、手电、传统棒形，或者就像一个把手。

3）计算机

通过专用巡更软件下载巡更棒上的所有信息，可以查看或打印。

4）巡更软件

巡更系统的核心就是巡更管理软件。所有的巡逻数据，都要通过软件进行设置和分析，并形成巡逻报告给管理人员，以对巡逻人员的工作进行日常考核。

图 5-1 是典型的电子巡更系统的构成示意图。

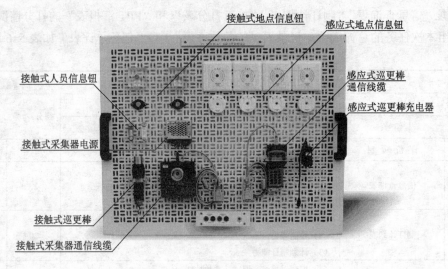

图 5-1　典型电子巡更系统构成示意图

2. 设备器材相关技术参数

1）感应式巡更棒

图 5-2 为感应式巡更棒的外观图。

特点：非接触识别、小巧轻便、结实耐用、无外漏触点、质量可靠。

使用电池：3.6 V 锂电 750 mAh。

识读距离：根据卡的不同在 0～15 cm 任选。

内存：4 MB 存储器，掉电数据可保存 100 年不丢失。

提示：定时提示、关机提示、开机提示、电池电量提示。

图 5-2　感应式巡更棒
的外观

显示：112×64 宽温点阵液晶，国家一二级字库，人性化图标和汉字菜单提示。

通信方式：RS-232 串口通信，9 600 Bd。

外壳：金属外壳。

尺寸：13 cm×5 cm ×2.5 cm。

质量：小于 100 g。

存储温度：-40～+80 ℃。

工作温度：-30～+60 ℃。

工作湿度：90%。

巡检计划：可下载 20 条巡检计划。

巡检计划点：可最多下载 6 144 个计划点信息。

巡检点：软件可下载 1 024 个巡检感应卡巡检点信息。

巡检人员：可存储 250 名巡检人员。

巡检事件：每个巡检记录，可在最多 250 种事件中选取事件类型。

巡检记录：可保存 11 200 条巡检记录。

定时提示：按照选定的巡检计划，自动唤醒巡检器，显示应到的巡检点，并发出声音以提示巡查人员。

关机提示：选定巡检计划后，关机时提示下一巡检地点及巡检时间。

开机提示：提示当前选中的巡检计划、巡检人员。

提示音：多种铃音提示操作信息及提示信息。

电池提示：开机界面显示电池状态。

自动关机：可自由设定自动关机时长，避免无意开机造成的长时间电源消耗。

手工插入巡检记录：当巡检感应卡损坏或无法读取时，可手工插入巡检记录。

丰富的查询功能：随时可以查阅巡检记录、巡检人员、巡检计划、巡检事件、巡检器信息。

功能的灵活性：具备现场可编程功能。

2）感应式信息点

感应式信息钮又称电子标签，一般以塑料或者有机玻璃作为外壳，采用射频自动识别技术，由耦合器件及芯片组成，每个标签具有唯一的电子编码，附着在物体上标识目标对象。当巡更人员到达巡更点的时候，只要将巡更机靠近信息钮，巡更机就能自动探测到信息点的信息，并自动记录下来。图 5-3 为感应式信息点的外观。

图 5-3　感应式信息点的外观

3. 电子巡更系统的操作运行

1）感应式巡更棒的操作

① 巡更棒的开、关机：按"确认"键 1s 后，巡检器开机；在多数界面中，长时间（3 s）按"↖"键，即进行关机操作。

② 主菜单：开机后，按"←"键，进入主菜单。

主菜单中共有 6 项功能，通过按"←"键选择，并在最底一行上显示说明提示。

📢：进入读卡，读取巡检点的地点卡。

☺：选择人员，浏览或选择巡检人员。

📵：选择计划，浏览或选择巡检计划。

⚠：进入通信，与管理计算机连接。

📑：进入查询，浏览巡检记录。

🔧：工具箱，巡检器的辅助工具。

按"确认"键，进入相应的功能。

按"↖"键，返回开机画面。

③ 读卡操作：在主菜单中，选择"进入读卡"功能，并按"确认"键，显示"正在读卡…"。在规定时间内（15s）未读到卡，则显示"读卡失败"。

在规定时间内（5s）读到卡，则显示如图 5-4 所示的界面。

如该巡检点有需要记录的信息，则可以按"确认"键，选择"巡检事件"选项，如图 5-5 所示。否则按"↖"键，返回主菜单，并保存巡检记录。

通过"←"键选择事件类型，并通过"确认"键保存巡检事件。

④ 巡检人员：在主菜单中，选择"选择人员"选项，并按"确定"键，进入巡检人员选择界面，如图 5-6 所示。

记录编号号：00003	01 门没关	选择当前人员
卡号：095E91D	02 空调没关	不启用人员
地点：办公楼	03 风扇没关	001： 张三
日期：11-01-11	04 灯没关	002： 李四
时间：19:02:30	05 窗户没关	003： 王五
选择事件 退出	下移 选择 退出	下页 选择 退出

图 5-4 读卡界面　　　图 5-5 巡检事件选择界面　　　图 5-6 选择巡检人员界面

通过"←"键，选择当前巡检人员。

按"OK"键，保存当前选定巡检人员，并返回主菜单。

按"↖"键，保持原巡检人员不变，并返回主菜单。

⑤ 巡检计划：在主菜单中，选择"选择计划"功能，并按"OK"键，显示如图 5-7 所示界面。

按"←"键，选择当前巡检计划。

按"OK"键，选定当前计划，并进入计划选择和浏览画面。

按"↖"键，返回主菜单。

⑥ 进入通信：进入后显示如图 5-8 所示界面。

必须进入该界面后才能与计算机进行正常的通信。

⑦ 查询：在主菜单中，选择"进入查询"选项，按"OK"键即可进入查询界面查询各项，如图 5-9 所示。

通过"↖"键，分别选择记录的浏览。

按"↖"键，返回主菜单。

选择计划		查询信息
不启用计划		查询记录
0001： 大门		查询计划
0002： 北门	正在通信	查询地点
下移 选择 退出	退出	查询事件
		查询人员

图 5-7 巡检计划选择界面　　　图 5-8 通信界面　　　图 5-9 查询界面

⑧ 工具箱：在主菜单中，选择"工具箱"选项，并按"OK"键，进入工具箱。显示界面如图 5-10 所示。

在工具箱中共有以下 3 项功能。

读卡器模式：将巡检器设置成读卡器模式，便于录入巡检点的卡号。

查询本机信息：显示巡检器软件版本，巡检器编号，以及用户自设定信息。

计划音提示开关：设定巡检计划提示音的开关，当选定巡检计划且将提示开关设为开时，巡检器将按照巡检计划中的提示时间自动开机。

⑨ 巡更棒的充电：在巡更没有进行的时候，把充电器的插头插入巡更棒的接口进行充电。

2）系统软件操作

巡更棒的设置包括地点、人员设置，巡检计划的定制，巡检事件的设置。

系统登录巡检管理系统启动后的界面如图 5-11 所示，单击"登录"按钮直接进入系统（初始安装后密码为 333）。

工具箱
查询本机信息
计划音提示开关
读卡器模式

图 5-10　工具箱界面　　　　　　　　　图 5-11　"用户登录"界面

进入系统之后选择"资源设置"→"系统设置"选项，弹出"系统设置"对话框，单击"巡查器校时"按钮对巡更棒进行通信设置，通信成功后可将需定义的巡更棒信息下传到巡更棒，下传成功后单击"保存"按钮即可，如图 5-12 所示。

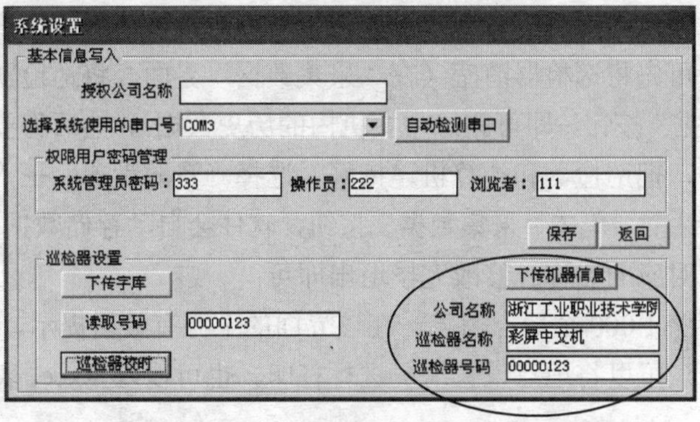

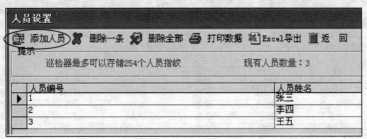

图 5-12　"系统设置"对话框

（1）人员设置。选择"资源设置"→"人员设置"选项，弹出"人员设置"对话框，如图 5-13 所示。

图 5-13　"人员设置"对话框

此对话框用来对巡检人员进行设置，以便用于日后对巡检情况的查询。

人员名称为手动添加，最多 7 个汉字或者 15 个字符，添加完毕后，可以在表格内对人员名称进行修改。

中文机内最多存储 254 个人员信息，在该对话框的上方有数量提示。

单击"打印数据"按钮可以对巡检人员设置信息进行打印。也可以以 Excel 表格的形式将人员设置导出，以备查看。

（2）地点设置。选择"资源设置"→"地点设置"选项，弹出"地点设置"对话框，如图 5-14 所示。

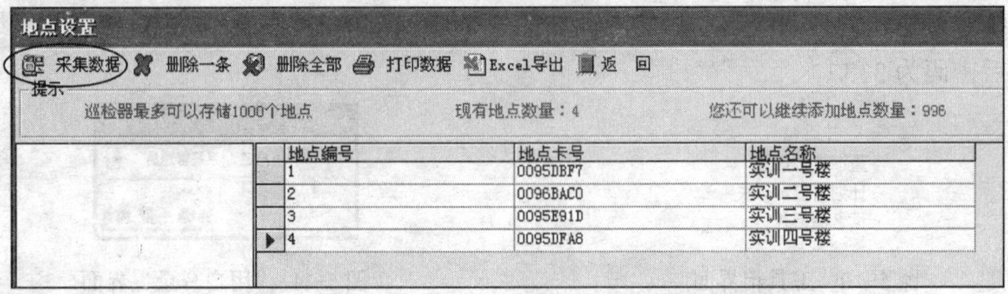

图 5-14 "地点设置"对话框

注意：在进行此项设置前先用巡更棒将所有的巡更点采集，然后单击"采集数据"按钮进行采集修改。

此对话框用来对巡检地点进行设置，以便用于日后对巡检情况的查询。

设置地点之前，可先将巡检器清空（在"采集数据"界面，将巡检器设置成正在通信的状态，单击"删除数据"按钮，即可删除中文机内的历史数据），然后将要设置的地点按顺序依次读入到巡检器中，把巡检器和计算机连接好，选择"资源设置"→"地点设置"选项，弹出"地点设置"对话框，单击"采集数据"按钮，软件会自动存储数据。数据采集结束后，按顺序填写每个地点对应的名称。修改完毕退出即可。

中文机内最多存储 1 000 个地点信息，在该界面的上方有数量提示。

单击"打印数据"可以将地点设置情况进行打印。也可以以 Excel 表格的形式将地点设置导出，以备查看。

（3）事件设置。选择"系统设置"→"事件设置"选项，弹出"事件设置"对话框，如图 5-15 所示。

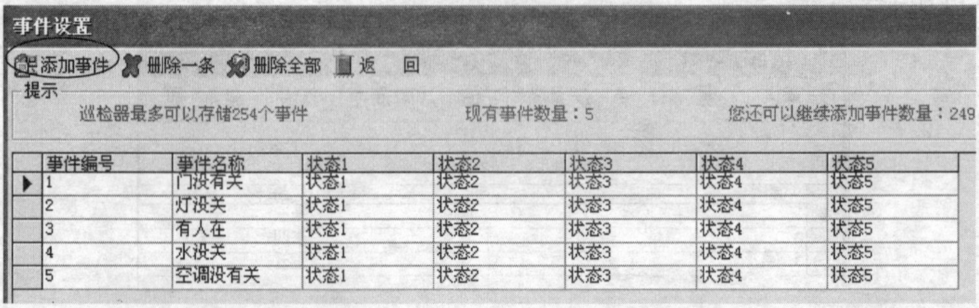

图 5-15 "事件设置"对话框

此对话框用来对巡逻事件进行设置，以便用于日后对巡检情况的查询。

事件信息为手动添加，单击"添加事件"按钮，系统会自动添加一条默认的事件，在相应的表格内直接修改事件名称和状态名称即可。

中文机内最多存储 254 个事件信息，在该对话框的上方有现有事件数量提示。

（4）棒号属性设置。选择"系统设置"→"棒号设置"选项，弹出"棒号设置"对话框，如图 5-16 所示。

注意：可更改棒号的属性，如"感应式""接触式"。

此对话框用来对棒号进行设置，以便用于日后对巡检情况的查询。

把巡检器和计算机连接好，将巡检器设置成正在通信状态，单击"采集数据"按钮，软件会自动存储数据。数据采集结束后，在相应表格内修改名称即可。修改完毕退出即可。

单击"打印数据"按钮可以将棒号信息进行打印。也可以以 Excel 表格的形式将棒号导出，以备查看。

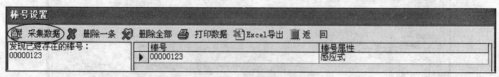

图 5-16　棒号设置界面

（5）线路设置。选择"设置功能"→"线路设置"选项，弹出"线路设置"对话框，如图 5-17 所示。

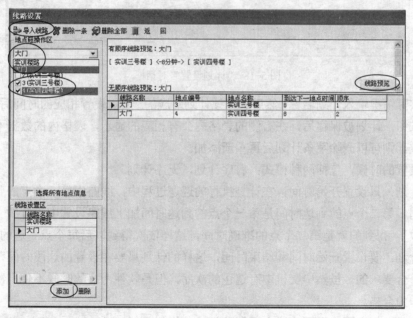

图 5-17　"线路设置"对话框

该对话框的左下角区域为线路设置区，可以添加一条新的线路或者删除已有的线路，删除线路时请慎重（删除线路后，该线路内的巡逻信息也被删除）。

在左上角地点操作区内，会详细列出地点的编号和名称及线路的列表。

选择相应的线路名称，选中该线路内包含地点信息的复选框，单击导入线路，软件会自动保存相应的数据。

　　右侧表格内显示的是相应线路的具体巡逻信息,到达下一个地点的时间和顺序可以修改,其他为只读。到达下一个地点时间单位是分钟(min),最小为 1 min,不能设置类似 0.8 这样的数据。

　　(6)计划设置。选择"设置功能"→"计划设置"选项,弹出"计划设置"对话框,如图 5-18 所示。

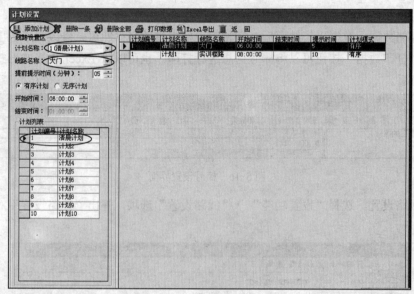

图 5-18 "计划设置"对话框

　　根据实际情况输入计划名称,然后选择该计划对应的线路,设置相应的时间后,单击"添加计划"按钮,计划被保存后,在右侧的表格内会有相应的显示,表格内的数据不能修改,若需要修改,则可以删除某条计划后再重新添加。

　　计划设置的时候,包括两种模式:有序计划,无序计划。

　　有序计划:只设置开始时间,在计划执行的巡逻过程中,线路中第一个点的到达时间就是开始时间,第二个点的到达时间是第一个点的到达时间加上线路设置中设置的"到下一地点的分钟数",得到的就是第二个点的准确时间,这样依次得到以后每个点到达的准确时间。

　　无序计划:要设置开始时间和结束时间,这样的计划只要在设置的这段时间范围内巡逻了,就是符合要求的。虽然中文机中有巡逻的次序,但是软件考核的时候不使用次序,只要到达了,即为合格。

　　(7)下载。把巡更棒设置完成之后即可把这些资料下载到感应式巡更棒里,这样巡更棒就可以单独进行巡更操作了。

　　选择"功能设置"→"下载档案"选项,弹出"下载档案"对话框,如图 5-19 所示。

　　当修改过人员、地点或者事件信息后,要重新下载

图 5-19 "下载档案"对话框

数据到中文机中，这样才能保证软件中设置的数据与中文机的数据实时保持一致。

下载档案的时候，首先要设置中文机为正在通信状态，然后选择好要下载的计划，单击"下载数据"按钮即可。

思考与练习

1. 简述采用电子巡更系统的必要性。
2. 列举电子巡更系统的适用范围。

任务 2　设计与施工一卡通系统

任务目标

（1）掌握一卡通系统的基本构成、主要设备特性。
（2）掌握一卡通系统的安装、接线方法。
（3）掌握一卡通系统的调试、运行方法。

任务描述

本次任务的主要内容是设计与安装一卡通系统，重点内容是考勤机、消费机、门禁机、发卡机的操作方法。

任务分析

1. 任务概况

安装一套一卡通系统，要求配备门禁机、考勤机、消费机、发卡机等设备，可实现制卡、发卡、挂失、补发、注销、门禁管理、人事考勤、费用缴纳等功能。

2. 设备清单

本次任务的设备清单如表 5-7 所示。

表 5-7　设 备 清 单

序　号	设 备 名 称	单　位	数　量
1	门禁机	台	1
2	考勤机	台	1
3	消费机	台	1
4	发卡机	台	1
5	管理中心计算机	台	1
6	门磁	对	1
7	电控锁	套	1

3. 系统框图

一卡通系统的系统框图如图 5-20 所示。

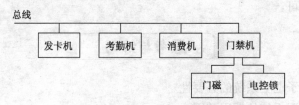

图 5-20　一卡通系统的系统框图

任务实施

1. 信息查询

根据"信息查询表"，以小组为单位，查询并归纳总结本次任务的核心知识点。"信息查询表"如表 5-8 所示。

表 5-8　信息查询表

《智能楼宇安防系统设计与施工》——信息查询（占总评 20%）				
任务编号：学习情境 5 任务 2		任务名称：设计与施工一卡通系统	得分：	
班级：	组号：	小组成员：		
序号	核心知识点	查 询 结 果	分值	得分
1	一卡通系统目前应用在哪些方面？举例说明		4	
2	一卡通系统通常具有哪几项基本功能		4	
3	消费机的最高消费金额设置项有何作用？"限额消费密码收费方式"是什么意思		4	
4	解释术语"直接消费模式"、"类别消费模式"、"定额消费模式"		4	
5	考勤机、门禁机、消费机、发卡机等之间以什么方式进行通信		4	

2. 制订计划

根据"制订计划表"，以组为单位，制订实施本次任务的工作计划表。"制订计划表"如表 5-9 所示。

表 5-9　制订计划表

《智能楼宇安防系统设计与施工》——制订计划（占总评 20%）				
任务编号：学习情境 5 任务 2		任务名称：设计与施工一卡通系统	得分：	
班级：	组号：	小组成员：		
序号	计 划 内 容	具体实施计划	分值	得分
1	人员分工		1	
2	耗材预估		2	
3	工具准备		1	
4	时间安排		1	
5	绘制详细接线端子图		6	
6	设备安装布局		2	
7	接线布线工艺		2	
8	调试步骤		3	
9	注意事项		2	

3. 任务施工

（1）根据"制订计划表"，参照接线图，安装、接线一卡通系统。接线图如图 5-21 所示。

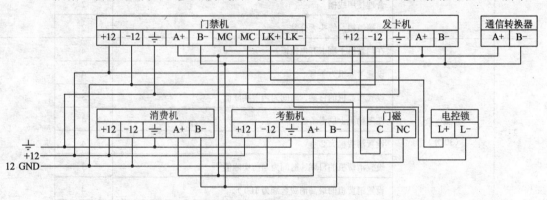

图 5-21　一卡通系统接线图

（2）按照以下调试步骤，调试运行一卡通系统。

① 在门禁机上刷卡开电控锁。

② 设置考勤机为 1 号。

③ 设置考勤机的日期、时间为当前实际值。

④ 在考勤机上刷卡考勤。

⑤ 设置消费机为 2 号。

⑥ 设置消费机的日期、时间为当前实际值。

⑦ 设置消费机的最高消费金额为 100 元。

⑧ 在直接消费模式下消费 20 元。

（3）注意事项如下：

① 注意人身安全。

② 注意用电安全。

③ 注意爱护设备。

④ 注意节约耗材。

⑤ 注意保持卫生。

（4）施工打分。根据"施工打分表"对每个小组的任务施工情况进行打分。"施工打分表"如表 5-10 所示。

表 5-10　施工打分表

《智能楼宇安防系统设计与施工》——施工打分（占总评 50%）

任务编号：学习情境 5 任务 2		任务名称：设计与施工一卡通系统		得分：	
班级：	组号：	小组成员：			
序号	打 分 方 面	具 体 要 求	分值	得分	
1	工艺要求 （12分）	设备安装牢固无松动	2	
		设备安装整齐无歪斜	2	
		位置布放合理	2	
		布线平、直，无斜拉和翘起	2	
		合理使用线槽	2	
		线端镀锡，线头无分岔	2	
2	功能要求 （30分）	在门禁机上刷卡开电控锁	4	
		设置考勤机为 1 号	4	
		设置考勤机的日期、时间为当前实际值	3	
		在考勤机上刷卡考勤	4	
		设置消费机为 2 号	4	
		设置消费机的日期、时间为当前实际值	3	
		设置消费机的最高消费金额为 100 元	4	
		在直接消费模式下消费 20 元	4	
3	职业素养 （8分）	工位整洁，工具摆放有序	2	
		节约耗材，爱护设备	2	
		注意人身安全，用电符合规范，穿劳保服装	2	
		组员团结协作，遵守劳动纪律	2	

4．汇报总结

每个小组根据本组任务完成情况进行 PPT 汇报总结，各个小组点评员根据"PPT 汇报表"对汇报小组的 PPT 内容、制作及汇报演讲情况进行评价、打分。"PPT 汇报表"如表 5-11 所示。

表 5-11　PPT 汇报表

《智能楼宇安防系统设计与施工》——PPT 汇报（占总评 10%）

任务编号：学习情境 5 任务 2		任务名称：设计与施工一卡通系统								得分：
班级：	组号：	小组成员：								
序号	打分方面	具体要求	分值	第1小组打分	第2小组打分	第3小组打分	第4小组打分	第5小组打分	第6小组打分	
1	专业能力（2分）	汇报人是否熟悉相关专业知识	1							
		汇报人是否对相关专业知识有独到见解	1							
2	方法能力（3分）	PPT 制作技术是否熟练	1							
		PPT 所用信息是否丰富、有用	1							
		PPT 内图样是否用专业工具正确绘制	1							
3	社会能力（5分）	汇报人语言表达能力如何	1							
		汇报人是否声音洪亮、清晰	1							
		汇报人是否镇定自若、不紧张	1							
		汇报人是否与观众有互动	1							
		汇报是否有创新精神	1							
	各小组打分合计									
	该小组平均得分									

任务总评

　　根据"信息查询表"、"制订计划表"、"施工打分表"和"PPT 汇报表"的打分情况，综合评定小组本次任务的总评成绩，记录于"任务总评表"。"任务总评表"如表 5-12 所示。

表 5-12　任务总评表

《智能楼宇安防系统设计与施工》——任务总评（总分 100 分）

任务编号：学习情境 5 任务 2		任务名称：设计与施工一卡通系统		得分：
班级：	组号：	小组成员：		
序号	评价项目	主要考察方面	分值	得分
1	信息查询表	（1）核心知识点掌握程度； （2）信息检索能力； （3）文字组织能力	20	
2	制订计划表	（1）设计能力； （2）绘图能力； （3）计划制订能力	20	
3	施工打分表	（1）安装、接线、调试、排故技能； （2）团队协作能力； （3）职业素养	50	

续表

序号	评价项目	主要考察方面	分值	得分
		《智能楼宇安防系统设计与施工》——任务总评（总分100分）		
	任务编号：学习情境5任务2	任务名称：设计与施工一卡通系统	得分：	
	班级：	组号： 小组成员：		
4	PPT汇报表	（1）创新能力； （2）语言表达及交流能力； （3）PPT制作技能	10	

相关知识

1. 一卡通系统

"一卡通"就是在一定范围内，凡有现金、票证或需要识别身份的场合，均采用一张卡来完成，这种管理模式代替了传统的做法，更加高效便捷。一卡通从行业应用可分为：校园一卡通、企业一卡通、园区一卡通、城市一卡通（公交一卡通、高速公路一卡通、社保卡等IC卡代收业务费，都可看作城市一卡通）。图5-22为一个小型的一卡通系统的构成示意图。

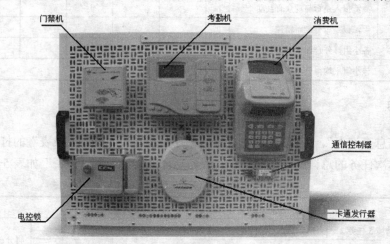

图 5-22　一卡通系统的构成示意图

2. 一卡通系统的操作与运行

1）门禁机

随着科学技术的进步和社会的发展，以铁锁和钥匙为代表的传统房门管理方式正在逐步消失，而集信息管理、计算机控制、IC卡技术于一体的智能门禁管理系统已经走进人们的生活。

智能门禁管理系统以IC卡作为信息载体，利用计算机控制系统对IC卡中的信息做出判断，并给电磁门锁发送控制信号以控制房门的开启。同时将读卡时间和所使用的IC卡的卡号等信息记录、存储在相应的数据库中，方便管理人员的随时查询，同时也加强了房门的安全管理工作。

智能门禁管理系统在发行 IC 卡的过程中对不同人员的进出权限进行限制,在使用卡开门时,门禁读写器完整记录所有读卡信息,在管理计算机中具有查询、统计和输出报表功能,既方便授权人员的自由出入和管理,又杜绝了外来人员的随意进出,提高了安全防范能力。

2)考勤机

(1)考勤机的基本操作。考勤机是智能考勤系统的终端,用来读取和显示 IC 卡上员工的姓名和当时读卡的时间、日期,并将此信息记录在考勤机的存储器中,作为员工考勤的原始记录。

考勤机显示 4 位公元年号,分为 8 个考勤时段,考勤时间段内显示"请读卡",段外显示"等待读卡"。电池状态分 4 挡显示,电压太低时显示"请关机",同时系统停止运行。考勤机可浏览最后 80 条记录。考勤机具有期限控制,刷过期卡时显示"此卡过期",且不进行下一步操作。考勤卡需按机号授权,在未授权考勤机上刷卡时显示"该机禁用"。它采用开关电源模块,有开门信号输出,时钟走时准确,每月误差少于 1min。

在考勤机安装连接完成后,将电源连接线的插头插到正确的电源插座中,打开考勤机底部的电源开关。

考勤机是智能考勤管理系统的终端,用来读取和显示 IC 卡上员工的姓名和当时读卡的时间、日期,并将此信息记录在考勤机的存储器中,作为员工考勤的原始记录。

在考勤机安装连接完成后,将电源连接线的插头插到正确的电源插座中,打开考勤机底部的电源开关。在考勤机长时间不使用时,应将考勤机的电源开关关闭,并将电源插头从插座中拔出。

考勤机通电后要对其进行设置考勤机的编号等内容。考勤机只有在正确设置了考勤机的编号、时间和日期后才能正常使用。考勤机可以和计算机系统离线运行一定时间后由计算机系统提取考勤机中的考勤原始记录,离线运行的时间根据考勤员工的人数和读卡次数来确定,以不超过考勤机的存储数据容量为宜。

考勤机正常工作时,在液晶显示屏的下方显示当时的日期时间,在液晶显示屏的上方,如果没有读到任何 IC 卡的信息,则显示"请读卡"字样;当员工读卡后,则显示读到的卡上的员工姓名。

当考勤机使用后备电池工作时,在显示屏的右下角显示两个电池符号;当电池的电量不足时,显示一个电池符号;当用正常的市电供电时,则不显示电池符号。

在考勤机正常工作中,需要检查正在进行的考勤是否正常(如代读卡现象等)时,可以按确认/查询键向前浏览已经打卡的信息,最多可以查到 8 个人的打卡信息,即员工的姓名、打卡的日期时间等。

在考勤机的右上角有一个红色的状态指示灯,当考勤机正常工作时,该灯闪亮。

考勤卡在考勤机读卡感应区的读卡有效范围内划过,读写器正确读到 IC 卡的信息后,考勤机中的蜂鸣器会发出短促的声音提示已经正确完成此次操作。若无声音发出,则说明此次读卡没有成功。

(2)设置考勤机号。当读操作卡,显示屏中出现"系统设置"字样时,按数值操作键直到所需要的机号数值出现,设置完后按确认/查询键确认操作。如果在操作过程中按取消键或在 5s 内不进行任何操作，则自动放弃当前操作。

（3）设置日期。当读操作卡，显示屏中出现"系统设置"字样时，按选择键进行年、月、日的选择，选中部分将会闪烁，按数值操作键直到设置好所需要的数值，再按确认/查询键确认操作。如果在操作过程中按取消键或在 5s 内不进行任何操作，则自动放弃当前操作。

（4）设置时间。当读操作卡，显示屏中出现"系统设置"字样时，按选择键进行时、分、秒的选择，选中部分将会闪烁，按数值操作键直到需要的数值，再按确认/查询键确认操作。如果在操作的过程中按取消键或在 5s 内不进行任何操作，则自动放弃当前操作。

（5）刷卡操作。只需将员工的考勤卡在考勤机的读卡感应区上划过，当听到一声提示音后就说明读卡成功，并在液晶显示屏上显示该卡中员工的姓名和当时的时间。不同的卡可以连续地读卡而不受到任何影响，但当按了确认/查询功能键后，考勤机不能读卡，直到显示屏上再次出现"请读卡"等字样后才能正常读卡。

（6）系统授权卡。系统授权卡为考勤管理部门的主管所持有，是考勤管理系统授权操作人员、执行所有功能的钥匙，在本系统中具有最高的权限。该卡由生产厂商发行，仅有一张。

（7）操作卡。操作卡是供操作人员上班登记时使用，同时可以设定考勤机的编号、日期和时间。在运行考勤管理系统时由系统授权卡登记，在"授权操作人员"中发行，同时可以授予该卡的使用权限和使用密码（可更改）。

（8）考勤卡。员工考勤卡是使用该考勤管理系统的单位员工所持有的 IC 卡，由考勤管理部门的工作人员通过发卡系统发行，为员工的工作证件和考勤凭证，卡内记录了员工的基本资料等。

在安装考勤管理软件时要正确设置读写器的连接串口，所设置的串口不能和系统现有设备正在使用的串口发生冲突。考勤机的数据信号是通过 RS-485 接口和计算机连接的。

3）收费机

（1）收费机的基本操作。收费机是智能收费管理系统的终端，用来读取和显示正在使用 IC 卡的消费情况，并将数据信息记录在收费机的存储器中，作为消费数据的原始记录。

在收费机安装到预定位置后，将电源线插头插到正确的电源插座中，打开电源开关，在收费机长期不使用时，应将收费机的电源关闭，并将电源插头从插座中拔出。

收费机在第一次使用时要设置其机号、时间、日期、各种收费方式，只有在正确设置收费机后它才能正常工作。

（2）卡的分类：

① 授权卡：由系统制造商提供，随收费机管理系统发行，供使用该系统的高级管理人员登录系统时使用。利用授权卡登录后能够管理软件中的联机设置、系统设置等，也能用该授权卡对收费机进行参数设置，在本系统中具有最高的权限。另外，在"收费查询"中修改消费记录时也需刷授权卡才能进行操作。

② 操作卡：作为一般管理人员登录到管理系统时使用，由使用收费机管理系统的高级管理人员利用发卡设备来发行。使用操作卡登录到系统中后，能够执行除"联机设置"、"系统设置"、"系统初始化"以外的所有功能，以完成日常管理工作。

③ 用户卡：作为消费者消费的卡片，由管理人员利用发卡设备来发行，消费者在使用该

卡前要在卡片中存入一定数量的预付款，预付款使用完后可再充值使用。

（3）管理和运行：

① 设置收费机：打开收费机的电源（直接 12V 电源或长按 F4 键），用授权卡在收费机的读卡区域内读卡，当收费机正确读到卡上信息后，蜂鸣器长鸣一声，收费机进入设置界面状态。在此刻设置的参数有机号设置、时间设置、最高消费金额设置及开机模式设置。

② 设置机号：该设置对应的设置编号为 S1。按功能键 "F1"，当听到蜂鸣声后松手，此时收费机的显示屏上显示 S1、S2、S3、S4 中的一个，如果显示的不是 S1，则重复以上操作直到显示 S1，然后从收费机中输入该收费机的机号（不大于 64 的两位数字且不为 0），按 "Enter" 键确认即可。在整个系统中收费机机号不能重复，否则系统无法正常运行。

③ 设置日期：该设置对应的设置编号为 S2。按功能键 F1 直到收费机显示屏上显示 S2，收费机进入时间和日期设置状态，然后依次输入年、月、日 "** ** **" 和时、分、秒 "** ** **"，均为数字，按 "Enter" 键即可。

④ 最高消费金额设置：该设置对应的设置编号为 S3。按功能键 F1 直到收费机显示屏上显示 S3，收费机进入密码收费设置状态。

如果收费机采用无密码收费方式，则输入 9999，按 "Enter" 键即可。如果收费机采用密码收费方式，输入 0000，按 "Enter" 键即可。如果收费机采用限额消费密码收费方式，则要求输入限额密码消费的最大消费金额，再按 Enter 键确认即可。这样，当一次的消费金额超过限额时，要求输入密码后才能读卡交费。

⑤ 设置开机模式：该设置对应的设置编号为 S4。该模式用来设置本机上电后开机是否需要收费卡开机。当显示屏上显示 "00" 时表示不需要收费卡开机，则上电后直接进入正常消费界面；当显示屏显示 "11" 时，则表示需要收费卡开机。若要更改开机模式，则通过 "Enter" 键直接切换即可，开机重启后生效。

当要设置为开机不需要操作卡时，开机后刷授权卡，进入参数设置界面，然后按 "F1" 键切换到 S4 功能，然后按 "Enter" 键进行开机模式切换，当屏幕上显示 "00" 时关机，然后重新开机，即实现开机不需要操作卡而进入消费模式；当要从 "开机不需要操作卡" 模式转换为 "开机需要操作卡" 模式时，需要重新开机，开机时要按 "Enter+F4" 键进行开机，然后刷授权卡进入参数设置界面，按 "F1" 键切换到 S4 功能，按 "Enter" 键进行模式切换，屏幕上显示 "11" 时关机，然后重新开机即可。

（4）操作说明。在完成收费机号、时间、日期和密码的设置后，要使收费机能够正常工作，则必须通过收费管理系统软件将 "联机设置" 中的固定单价、分类单价等标准、收费时间段加载到要设置的收费机上，同时为了使收费机和计算机系统的时间一致，也可以利用 "时间设置" 将计算机系统的时间加载到收费机中，加载数据时要保证计算机系统和收费机之间的通信通畅。

所有的软硬件设置都完成后重新打开收费机的电源，收费机的显示屏上显示该收费机的机号和时间，然后刷收费卡进行开机操作，在读到正确的收费卡信息后，蜂鸣器鸣一长声，进入收费界面状态，屏幕上显示当前的消费模式（F1 到 F3 任意一种）。

如果为无密码收费方式，则显示的消费金额闪烁，等待读卡。如果为密码收费方式，则显示屏中显示的消费金额变暗，等待输入密码，当输入正确的密码后，显示的消费金额变亮并闪烁，等待读卡。对于限额密码收费方式，如果此次消费的金额没有超出限定的额度，则显示屏上显示的消费金额闪烁，等待读卡；如果超出了限定的额度，则显示屏上显示的消费金额变暗，等待输入密码，在输入正确的密码后，显示的消费金额变亮并闪烁，等待读卡。这几种方式是由程序决定的。

①　直接消费模式下消费：收费机显示 F1 和消费时段（在屏幕的下方显示，当下方没有显示时，表明不在消费时段）。在键盘中直接输入消费者所购买商品的金额和数量，进行累加计算，收费机上显示总金额，经消费者确认要完成此次消费后手按"Enter"键，由消费者在收费机上读卡支付所要支付的费用。收费机在读到正确的卡中信息后，收取费用并在显示屏的上方显示卡中的余额，下方显示本次消费的金额，且蜂鸣器鸣一长声，如果所读的卡有误，则收费机显示屏上显示相应的错误信息，蜂鸣器发出短促的 3 声。在没有读卡之前，若想取消此次消费，只要按"Clear"键退出即可。

②　类别消费模式下消费：收费机显示 F2 和消费时段（在屏幕的下方显示，当下方没有显示时，表明此时不在消费时段）。在键盘中直接输入消费者所购买商品的类别代号和数量，收费机根据其存储器中加载的分类单价标准来计算售出商品的金额，此时可以进行一种商品单件的累加计算，但无法进行多种商品多件的累加计算。消费时收费机上显示本次消费的总金额，经消费者确认要完成此次消费后按"Enter"键，由消费者在收费机上读卡支付所要支付的费用。

③　定额消费模式下消费：收费机显示 F3 和消费时段（在屏幕的下方显示，当下方没有显示时，表明此时不在消费时段）。消费者每次只要在收费机上读卡就可以完成一次消费。根据各个卡授予的权限和收费标准的不同，在一定时间内可使用的次数和收费标准也不相同，读卡过程中收费机的显示屏上显示卡中的余额和本次消费的金额。

④　查询：收费机在收费状态下，按"F2"键进入查询界面，在显示屏上显示收费机中的记录条数和总的收费金额。

注意：当消费的总金额整数大于 5 位数时，在收费机的显示屏上无法显示消费的总金额。

思考与练习

1. 结合校园一卡通的实际使用情况，分析一卡通系统的优势、现存的问题及改善的方向。

2. 简述"无密码收费方式"、"密码收费方式"、"限额消费密码收费方式"的区别。

附录 A 安全防范系统常用图形符号表

序 号	图形符号	名 称	英 文	说 明
1		保安巡逻打卡器	Security guards patrol punching machine	
2		周界报警控制器	console	
3	Tx — IR — Rx	主动红外入侵控测器	active infrared intrusion detector	发射、接收分别为 Tx、Rx
4	Tx — M — Rx	遮挡式微波探测器	keep out type microwave detector	
5	— L —	埋入线电场扰动探测器	buried line field disturbance detector	
6	— ✓ —	压力差探测器	pressure differential detector	
7		楼宇对讲电控防盗门主机	Mains control module for flat intercom electrical control door	
8		对讲电话分机	interphone handset	
9	EL	电控锁	electro-mechanical lock	
10		可视对讲机	video entry security intercom	
11		读卡器	card reader	
12		指纹识别器	fingerprint verfier	
13		掌纹识别器	palmprint verifier	
14		人像识别器	face recognition device	

序　号	图形符号	名　称	英　文	说　明
15		眼纹识别器	cornea identification equipment	
16		紧急按钮开关	deliberately-operated device(manual)	
17		压力垫开关	pressure pad	
18		门磁开关	magnetically-gperated protective switch	
19		声控装置	audio surveillance device (microphone)	
20		振动、接近式探测器	vibration detector	
21		声波探测器	acoustic detector(airborne vibration)	
22		压敏探测器	pressure-sensitive detector	
23		玻璃破碎探测器	glass-break detector(surface contact)	
24		振动探测器	vibration detector(structural)	
25		振动声波复合探测器	structural and airborne vibration detector	
26		被动红外入侵探测器	passive infraed intrusion detector	
27		微波入侵探测器	microwave intrusion detector	
28		超声波入侵探测器	ultrasonic intrusion detector	
29		被动红外/超声波双技术探测器	IR/U dual－tech motion detector	
30		被动红外/微波双技术探测器	IR/U dual－technology detector	
31		三复合探测器	three compound detector	X，Y，Z 也可是相同的，如 $X=Y=Z=IR$

续表

序　号	图形符号	名　称	英　文	说　明
32		声、光报警器	sound and light alarm	具有内部电源
33		控制和联网器材	control and networking equipment	
34		电话报警联网适配器	telephone alarm network adapter	
35		保安电话	alarm subsidiary interphone	
36		电话联网,计算机处理报警接收机	phone line alarm receiver with computer	
37		无线报警发射装置器	radio alarm transmitter	
38		有线和无线报警发送装置	phone and radio alarm transmitter	
39		安防系统控制台	control table for security system	
40		报警传输设备	alarm transmission equipment	
41	P	报警中继数据处理机	processor	
42	Tx	传输发送器	transmitter	
43	Rx	传输接收器	receiver	
44	Tx/Rx	传输发送、接收器	transceiver	
45		标准镜头器	standard lens	
46		自动光圈镜头	auto iris lens	
47		黑白摄像机	B/w camera	
48		彩色摄像机	color camera	

序 号	图形符号	名 称	英 文	说 明
49		室外防护罩器	outdoor housing	
50		室内防护罩	indoor housing	
51		监视器（黑白）	B/w display monitor	
52		彩色监视器	color monitor	
53	VD	视频分配器	video distributor	X 代表几位输入 Y 代表几位输出
54		录像机	video tape recorder	普通录像机，彩色录像机通用符号
55		云台	haeundae	
56		云台、镜头控制器	haeundae and the camera controller	
57		光、电信号转换器	light and electric signal converter	GB/T 4728.10—2008
58	PSU	直流供电器	combination of rechargeable battery and transformed charger	具有再充电电池和变压器充电器组合设备
59	PSU	变压器或充电器	transformer or charger unit	

附录 B 安全防范国家标准目录

序 号	标准编号	名 称
1	GB 10408.1—2000	入侵探测器 第1部分：通用要求
2	GB 10408.2—2000	入侵探测器 第2部分：室内用超声波多普勒探测器
3	GB 10408.3—2000	入侵探测器 第3部分：室内用微波多普勒探测器
4	GB 10408.4—2000	入侵探测器 第4部分：主动红外入侵探测器
5	GB 10408.5—2000	入侵探测器 第5部分：室内用被动红外探测器
6	GB 10408.6—2009	微波和被动红外复合入侵探测器
7	GB/T 10408.8—2008	振动入侵探测器
8	GB 10408.9—2001	入侵探测器 第9部分：室内用被动式玻璃破碎探测器
9	GB 10409—2001	防盗保险柜
10	GB 12662—2008	爆炸物解体器
11	GB 12663—2001	防盗报警控制器通用技术条件
12	GB 12899—2003	手持式金属探测器通用技术规范
13	GB 15207—1994	视频入侵报警器
14	GB 15208.1—2005	微剂量 X射线安全检查设备 第1部分：通用技术要求
15	GB 15208.2—2006	微剂量 X射线安全检查设备 第2部分：测试体
16	GB 15209—2006	磁开关入侵探测器
17	GB 15210—2003	通过式金属探测门通用技术规范
18	GB/T 15211—1994	报警系统环境试验
19	GB 15407—2010	遮挡式微波入侵探测器技术要求
20	GB/T 15408—2011	安全防范系统供电技术要求
21	GB/T 16571—2012	博物馆文物保护单位安全防范系统要求
22	GB/T 16676—2010	银行安全防范报警监控联网系统技术要求
23	GB/T 16677—1996	报警图像信号有线传输装置
24	GB 16796—2009	安全防范报警设备 安全要求和试验方法
25	GB 17565—2007	防盗安全门通用技术条件
26	GB 20815—2006	视频安防监控数字录像设备
27	GB 20816—2006	车辆防盗报警系统 乘用车
28	GB 50348—2004	安全防范工程技术规范
29	GB 50394—2007	入侵报警系统工程设计规范
30	GB 50395—2007	视频安防监控系统工程设计规范
31	GB 50396—2007	出入口控制系统工程设计规范

附录C 安全防范行业标准目录

序　号	标准编号	名　称
1	GA/T 3—1991	便携式防盗安全箱
2	GA 26—1992	军工产品储存库风险等级和安全防护级别的规定
3	GA 27—2002	文物系统博物馆风险等级和安全防护级别的规定
4	GA 28—1992	货币印制企业风险等级和安全防护级别的规定
5	GA 38—2004	银行营业场所风险等级和安全防护级别的规定
6	GA/T 45—1993	警用摄像机与镜头连接
7	GA 60—1993	便携式炸药检测箱技术条件
8	GA/T 70—2004	安全防范工程费用预算编制办法
9	GA/T 71—1994	机械钟控定时引爆装置探测器
10	GA/T 72—2005	楼寓对讲系统及电控防盗门通用技术条件
11	GA/T 73—1994	机械防盗锁
12	GA/T 74—2000	安全防范系统通用图形符号
13	GA/T 75—1994	安全防范工程程序与要求
14	GA/T 142—1996	排爆机器人通用技术条件
15	GA/T 143—1996	金库门通用技术条件
16	GA 164—2005	专用运钞车防护技术要求
17	GA 165—1997	防弹复合玻璃
18	GA 166—2006	防盗保险箱
19	GA/T 269—2001	黑白可视对讲系统
20	GA 308—2001	安全防范系统验收规则
21	GA 366—2001	车辆防盗报警器材安装规范
22	GA/T 367—2001	视频安防监控系统技术要求
23	GA/T 368—2001	入侵报警系统技术要求
24	GA 374—2001	电子防盗锁
25	GA/T 379.1—2002	报警传输系统串行数据接口的信息格式和协议 第 1 部分：总则
26	GA/T 379.2—2002	报警传输系统串行数据接口的信息格式和协议 第 2 部分： 公用应用层协议
27	GA/T 379.3—2002	报警传输系统串行数据接口的信息格式和协议 第 3 部分：公用数据链路层协议
28	GA/T 379.4—2002	报警传输系统串行数据接口的信息格式和协议 第 4 部分：公用传输层协议
29	GA/T 379.5—2002	报警传输系统串行数据接口的信息格式和协议 第 5 部分：按照 ISO/IEC 8482 采用双线配置的报警系统接口

序 号	标 准 编 号	名 称
30	GA/T 379.6—2002	报警传输系统串行数据接口的信息格式和协议 第 6 部分：采用 ITU-T 建议 V.24/V.28 信令的报警系统接口
31	GA/T 379.7—2002	报警传输系统串行数据接口的信息格式和协议 第 7 部分：插入式报警系统收发器的报警系统接口
32	GA/T 379.8—2002	报警传输系统串行数据接口的信息格式和协议 第 8 部分：与 PSTN 接口处采用 ITU-T 建议 V.23 信令的数字通信系统中的串行协议
33	GA/T 379.9—2002	报警传输系统串行数据接口的信息格式和协议 第 9 部分：采用 ITU-T 建议 V.23 信令的专用信道的 PTT 接口
34	GA/T 379.10—2002	报警传输系统串行数据接口的信息格式和协议 第 10 部分：采用 ITU-T 建议 V.24/V.28 信令的终端接口
35	GA/T 394—2002	出入口控制系统技术要求
36	GA/T 405—2002	安全技术防范产品分类与代码
37	GA/T 440—2003	车辆反劫防盗联网报警系统中车载防盗报警设备与车载无线通信终接设备之间的接口
38	GA 501—2004	银行用保管箱通用技术条件
39	GA 518—2004	银行营业场所透明防护屏障安装规范
40	GA/T 550—2005	安全技术防范管理信息代码
41	GA/T 551—2005	安全技术防范管理信息基本数据结构
42	GA/T 553—2005	车辆反劫防盗联网报警系统通用技术要求
43	GA 576—2005	防尾随联动互锁安全门通用技术条件
44	GA 586—2005	广播电影电视系统重点单位重要部位的风险等级和安全防护级别
45	GA/T 600.1—2006	报警传输系统的要求 第 1 部分：系统的一般要求
46	GA/T 600.2—2006	报警传输系统的要求 第 2 部分：设备的一般要求
47	GA/T 600.3—2006	报警传输系统的要求 第 3 部分：利用专用报警传输通路的报警传输系统
48	GA/T 600.4—2006	报警传输系统的要求 第 4 部分：利用公共电话交换网络的数字通信机系统的要求
49	GA/T 600.5—2006	报警传输系统的要求 第 5 部分：利用公共电话交换网络的话音通信机系统的要求
50	GA/T 644—2006	电子巡查系统技术要求
51	GA/T 645—2006	视频安防监控系统 变速球型摄像机
52	GA/T 646—2006	视频安防监控系统 矩阵切换设备通用技术要求
53	GA/T 647—2006	视频安防监控系统 前端设备控制协议 V1.0
54	GA 667—2006	防爆炸复合玻璃
55	GA/T 669.1—2008	城市监控报警联网系统技术标准 第 1 部分：通用技术要求
56	GA/T 670—2006	安全防范系统雷电浪涌防护技术要求
57	GA/T 678—2007	联网型可视对讲系统技术要求
58	GA 701—2007	指纹防盗锁通用技术条件

参 考 文 献

[1] 黎连业，黎恒浩，王华. 建筑弱电工程设计施工手册[M]. 北京：中国电力出版社，2010.

[2] 梁华. 智能建筑弱电工程施工手册[M]. 北京：中国建筑工业出版社，2006.

[3] 吕景泉. 楼宇智能化系统安装与调试[M]. 北京：中国铁道出版社，2011.

[4] 韩雪涛. 家装电工技能学用速成[M]. 北京：电子工业出版社，2009.

[5] 黎连业. 智能大厦和智能小区安全防范系统的设计与实施[M]. 第2版. 北京：清华大学出版社，2010.

[6] 张新房. 图说建筑智能化系统[M]. 北京：中国电力出版社，2009.

[7] 中国建筑学会建筑电气分会. 智能建筑新技术[M]. 北京：中国建筑工业出版社，2006.

[8] 陈龙，李仲男，彭喜东，等. 智能建筑安全防范系统及应用[M]. 北京：机械工业出版社，2007.

[9] 陈龙，陈晨. 安全防范工程[M]. 北京：中国电力出版社，2010.

[10] 国家技术监督局. 安全防范工程技术规范（GB 50348—2004）[S]. 北京：中国计划出版社，2004.

[11] 国家技术监督局. 入侵报警系统工程设计规范（GB 50394—2007）[S]. 北京：中国计划出版社，2007.

[12] 国家技术监督局. 视频安防监控系统工程设计规范（GB 50395—2007）[S]. 北京：中国计划出版社，2007.

[13] 国家技术监督局. 出入口控制系统工程设计规范（GB 50396—2007）[S]. 北京：中国计划出版社，2007.